Ludwig Sedna

Das Wachs und seine technische Verwendung

Ludwig Sedna

Das Wachs und seine technische Verwendung

ISBN/EAN: 9783744642224

Hergestellt in Europa, USA, Kanada, Australien, Japan

Cover: Foto ©berggeist007 / pixelio.de

Weitere Bücher finden Sie auf **www.hansebooks.com**

Das Wachs

und

seine technische Verwendung.

Darstellung

der

natürlichen animalischen und vegetabilischen Wachsarten, des Mineral-
wachses (Ceresin), ihrer Gewinnung, Reinigung, Verfälschung und Anwendung in der Kerzenfabrikation, zu Wachsblumen und Wachsfiguren,
Wachspapier, Salben und Pasten, Pomaden, Farben, Lederschmieren,
Fußbodenwichsen

und vielen anderen technischen Zwecken.

Von

Ludwig Sedna.

Mit 33 Abbildungen.

Wien. Pest. Leipzig.

A. Hartleben's Verlag.

1886.

Druck von Friedrich Jasper in Wien.

Vorwort.

Das Wachs ist ein schon seit undenklichen Zeiten benütztes Product — ebenso alt ist auch seine Anwendung zur Herstellung von Kerzen, Blumen, Figuren u. s. w.; aber erst die neuere Technik hat ihm Anwendung in einer ganzen Reihe von Industriezweigen verschafft, wozu die Entdeckung des Pflanzenwachses und in der allerletzten Zeit jene des Ceresins nicht wenig beigetragen hat.

Die eingehende Schilderung der verschiedenen Wachsarten, ihre Gewinnung, Eigenschaften und Verfälschungen, ihrer ausgedehnten Anwendung ist die Aufgabe gewesen, welche ich mir bei Verfassung dieses Werkchens gestellt habe; ich glaube derselben so ausführlich als möglich gerecht geworden zu sein und denke einem fühlbaren Mangel — es existirt bekanntlich im Buchhandel nur wenig Brauchbares über Wachs — abgeholfen zu haben.

Ludwig Sedna.

Inhalt.

b*

Das Wachs

und

seine technische Verwendung.

Allgemeines.

Das Wachs war schon in altersgrauen Zeiten bekannt; die Bibel nennt uns schon ein Land, wo Milch und »Honig« fließt — und da wo es Honig gab, mußte doch auch Wachs vorhanden sein; die Griechen und Phönicier kannten es schon, waren schon mit dem Bleichen desselben vertraut, denn Plinius benennt das weiße Wachs »Cera punica«, punisches Wachs: er gedenkt der Gestelle und Rahmen, worauf man die Wachs= scheiben behufs Bleichens legte und welche aus Binsen ge= flochten wurden, ja er erwähnt sogar die Tücher, mit welchen man bei ungünstigem Wetter die Gestelle und das Wachs be= deckte. Zu Dioskorides' Zeiten wurde das Wachs geblättert, indem man den Boden eines Topfes in kaltes Wasser und hierauf in geschmolzenes Wachs tauchte, auch verwendete man zeitweise eine Kugel, welche in gleicher Weise genäßt und hierauf in Wachs getaucht wurde; diese Scheiben wurden dann auf Fäden gereiht, so daß sie einander nicht berührten und unter häufigem Begießen mit Wasser der Einwirkung der Sonnen= strahlen ausgesetzt.

Damals hatten die aus Wachs gefertigten Beleuchtungs= materialien einen hohen Preis; sie dienten bei gottesdienst= lichen Handlungen und der anfänglich verhältnißmäßig schwache Consum steigerte sich dann mit der Ausbreitung des Christen= thums. Die Wachsbleicherei wurde damals als selbstständiges

Gewerbe betrieben und welche Ausdehnung dieselbe hatte, ersieht man daraus, daß gegen das Ende des 17. Jahrhunderts in Hamburg allein 14 Wachsbleichen bestanden; freilich waren außer Oel und Unschlitt, sowie dem unvermeidlichen Kienspane, keine anderen Beleuchtungsstoffe als Wachs allein bekannt und desselben konnten sich nur sehr reiche Leute bedienen. Hielt man doch selbst Fürsten, welche sich diesen Luxus — nach damaligen Begriffen — erlaubten, für Verschwender. Außer zu Kerzen hatte aber das Wachs noch ausgedehnte Verwendung zur Herstellung künstlicher Blumen und Früchte, welche vielfach als Zimmerzierden galten, da man damals die künstlichen Blumen aus Stoffen nicht kannte, als Siegelwachs und dergleichen mehr.

Wie bereits erwähnt, handelt es sich hier stets nur um das Bienenwachs; erst viel später, zu Anfang unseres Jahrhunderts, traten gegen dieses gefährliche Concurrenten auf.

Die Erfindung der Stearinkerzen, welche hinsichtlich der Schönheit des Lichtes und namentlich der Billigkeit jeden Kampf aufnehmen, die Herstellung von Kerzen aus Paraffin versetzten dem Gewerbe des Wachsziehers manchen empfindlichen Stoß, den abzuwehren außer seiner Macht stand und er findet nur noch Trost darin, daß dagegen wieder andere Anwendungszwecke des Wachses aufgetaucht sind, welche den theilweise erlittenen Verlust wieder ausgleichen.

Außer dem Bienenwachse kennen wir eine Reihe von Pflanzenfetten, welche demselben mehr oder weniger ähnlich sind und die man mit dem allgemeinen Namen »vegetabilisches oder Pflanzenwachs« belegt hat, außerdem seit kürzerer Zeit das Mineralwachs — Ozokerit, welches raffinirt den Namen Ceresin führt; dieselben werden in den nachfolgenden Abschnitten eingehend erwähnt werden.

Man verwendet das Wachs jetzt noch als Beleuchtungs=
materiale bei gottesdienstlichen Handlungen, sowohl in den
christlichen, als auch jüdischen Gotteshäusern, namentlich aber die
griechische orthodoxe Kirche macht davon den weitesten Gebrauch.
Es dient aber auch zu einer Anzahl von technischen, medi=
cinischen und künstlerischen Zwecken und trotz der zurück=
gegangenen Production in Wachskerzen würde das Bienen=
wachs den Bedarf weitaus nicht decken; erst die schon genannten
Ersatzmittel gestatten eine ausgedehnte Anwendung des Wachses,
wenngleich hier schon bemerkt werden muß, daß sie leider
auch in großem Maßstabe zum Verfälschen des Bienenwachses
dienen.

Das Bienenwachs.

Das Bienenwachs ist ein eigenthümliches Product der in
der ganzen Welt in den verschiedensten Abarten verbreiteten
Insectenfamilie Bienen; auf welche Weise dieses Product
erzeugt wird, ob sie es aus den Blumensäften, welche ihnen
als Nahrungsmittel dienen, ausscheiden oder ob der Blumen=
staub die zur Bildung erforderlichen Stoffe enthält, darüber
gehen die Meinungen noch sehr auseinander. Das Wachs
selbst ist als Ausschwitzungs=, also Absonderungsproduct zu
betrachten, denn man bemerkt bei Bienen, welche im Stocke
sitzen, genau, wie das Wachs in Form dünner Schildchen
zwischen den Bauchringen des Hinterleibes austritt. Die
bauenden Bienen nehmen entweder die aus den Bauchringen
gefallenen Wachsschildchen vom Boden auf oder aber sie nehmen

1*

solche gleich von dem Insecte ab und bauen damit die Zellen
der Bienenstöcke.

Die Bienenzucht ist ein sehr wichtiger Zweig der
Landwirthschaft, welchen gerade in der neueren Zeit man
wieder allerseits zu heben sucht, da er bei nur wenig
Mühe einen sehr reichen Ertrag liefert, nämlich den Honig
und das Wachs. In allen Ländern Europas, so namentlich
in Deutschland, Oesterreich=Ungarn, Frankreich, Rußland,
auch in Spanien, Italien und der Türkei werden viele
Bienen gehalten und gezogen und liefern diese Länder auch
den Hauptantheil an europäischem Bienenwachse. Auch der
Orient, so besonders Persien, die asiatische Türkei, gehört
zu den bedeutendsten Producenten, welchen sich Ostindien,
Japan und China, Afrika, dann Mittel= und Südamerika an=
schließt — wenngleich nicht alle Producte dieser Länder für
den europäischen Consum besondere Wichtigkeit haben.

In den verschieden construirten Bienenstöcken, welche die
Bienen bewohnen, sammeln und bereiten sie Honig und Wachs,
und wenn dieselben gefüllt sind, geht man an ihre Entleerung.
Ueber die Art der Entleerung kann hier nichts gesagt werden,
da sie außer den Rahmen dieses Buches fällt und es soll
nur so viel erwähnt werden, daß jeder Bienenstock gewöhnlich
drei kennbare Abtheilungen enthält:

1. Die mit Honig gefüllten Scheiben;
2. die leeren Wachsscheiben oder Wachsrosen und
3. die schlechten, schwarzen und unreinen Wachstheile.

Jene Wachsscheiben, welche Honig enthalten, werden nun
auf die eine oder die andere Weise entleert und nachdem sie
keinen Honig mehr gewinnen lassen, in geeigneten Kesseln mit
reinem Wasser ausgekocht und dieses Auskochen so lange und
so oft wiederholt, bis aller Honig entfernt ist und das Wasser

keinen süßen oder süßlichen Geschmack mehr zeigt. In ganz
gleicher Weise verfährt man mit dem sub 2 und 3 genannten
Wachse, nur wird dieses Wachs nicht mit dem der ersten Qua=
lität gemischt.

Ist alles Wachs genügend ausgekocht, so wird es ab=
geschöpft, durch feine Leinwand geseihet, so daß sich alle noch
in demselben befindlichen Unreinigkeiten abscheiden können
und nunmehr in Schüsseln, Töpfe oder bei großen Bienen=
züchtereien in eigens geformte Gefäße gebracht, in welchen es
erstarrt. Die hierbei verbleibenden Rückstände werden auf meist
primitiven Pressen abgepreßt, das Wachs gewonnen und die
festen Theile, die noch immer ansehnliche Mengen Wachs ent=
halten, als Brennmateriale benützt. Dieses gelbe rohe Wachs
nennt man Wachsbrote, Wachskuchen oder Wachsböden; man
stürzt das Erstarrungsgefäß um, um das Wachs herauszu=
bekommen und zeigt sich an der früher unten, jetzt oben befindlichen
Seite eine schmutzige Schichte, welche aus den auch durch das
Seihetuch noch durchgegangenen Unreinigkeiten besteht. Diese
Schichte muß, um das Wachs verkäuflich zu machen, mit
dem Messer entfernt werden und man kann das Abgeschabte
nochmals verkochen, pressen oder aber für Fackeln u. dgl.
benützen.

Diese Brote kommen in den Handel und werden meistens
mit den Namen der Länder, aus welchen sie kommen, be=
zeichnet; so kennt man, als von einiger Bedeutung, nachstehende
Sorten.

Das deutsche Wachs kommt aus Norddeutschland, aus
den Heidegegenden der Niederelbe, aus Hannover, Holstein,
Ostfriesland u. s. w. In Mitteldeutschland sind es besonders
Thüringen, einige Theile Sachsens, welche viel und gutes
Wachs produciren; Bayern, besonders Mittelfranken, dann

Württemberg und Baden haben bei sorgsamer Bienenzucht vortreffliches Wachs, doch bildet deutsches Wachs keinen Handels= artikel, da es meistens an den Hauptproductionsorten ver= arbeitet wird.

Das österreichische Wachs, das böhmische, mährische, schlesische und polnische Wachs von verschiedener Güte; das Wachs vom Marchfelde und dem Steinfelde (bei Wiener=Neu= stadt) gelten als die besten Sorten, dann folgen das böhmische, mährische und schlesische Wachs, schon etwas weicher und un= reiner und das galizische Wachs. Von letzterem sind zwei Sorten zu unterscheiden, das westgalizische mit einem stark tannenharzähnlichen Geruch und das ostgalizische (Bukowinaer) Wachs von roth= bis braungelber Farbe, gutem Geruche und ziemlicher Festigkeit. Da Buchweizen (auch Heidekorn genannt) ein vorzügliches Fütterungsmittel für Bienen ist und solche in Gegenden, wo diese genügsame Getreideart viel gebaut wird, besonders gedeihen, ist auch das Wachs dieser Landstriche stets das beste.

Das ungarische Wachs. Ungarn und seine Neben= länder produciren viel Wachs; so namentlich das Gömörer Comitat (Rosenau und seine Umgegend), ferner die Gegend um Fünfkirchen und ganz besonders das Banat mit seinem reichen Boden. Auch Siebenbürgen bringt viel Wachs auf den Buda= pester Markt und findet dort stets willige Nehmer.

Illyrien (Krain) und Tirol, ferner die Gegend um Klagenfurt liefern ebenfalls schönes Wachs, wenngleich sie mit dem russischen Wachse keine Concurrenz — schon der großen Massen halber, in welchen letzteres vorkommt — aus= halten können. Die beste aller bekannten Wachssorten ist das türkische, sie ist auch die theuerste, meist hochroth von Farbe; alle jene Länder, welche viele Süßigkeiten consumiren, und, dies ist ja in der Türkei in hohem Maße der Fall, hierzu viel Honig verwenden, pflegen die Bienenzucht mit besonderem Interesse und ausgezeichneter Sorgfalt und sind dann selbstverständlich in der Lage, ein Wachs von vortrefflicher Qualität zu produciren. Dem türkischen Wachse fast gleichwerthig ist das griechische, sowohl vom Festlande als auch von den zahlreichen Inseln. So ist das Wachs aus dem altberühmten Honiggefilde des Hymellos, aus Epiräus, Cephalonia und Aegina sehr geschätzt und die Breite der Waben beträgt 32 Cm. bei einer Höhe von 41 Cm. Frankreich betreibt die Bienenzucht in großartigem Maßstabe; die Bretagne und Südfrankreich liefern die besseren, Burgund, die Landes und die Normandie, die Umgebung von Bordeaux, die geringeren Sorten Wachs, doch gelangt davon nichts in den Handel, sondern es wird alles im Lande verbraucht und noch ansehnliche Mengen eingeführt. In Paris giebt es mehrere große Firmen, die nur in Wachs und Honig arbeiten; große Wachsbleichereien werden fabriksmäßig mit hunderten von Arbeitern betrieben. Dem französischen Wachse wenig nachstehend ist das spanische in Kuchen von 1 bis 1½ Kilogramm Schwere; die Bienenzucht wird in diesem Lande in ziemlichem Umfange betrieben. Italien producirt in Sardinien, der Lombardei und Venetien ansehnliche Mengen vortrefflichen Wachses und exportirt hiervon trotz des großes Verbrauches im Lande selbst.

Unter den außereuropäischen Wachssorten ist besonders das levantische Wachs aus mehreren Kreisen Kleinasiens, aus der Gegend von Smyrna geschätzt und liefert ganz Kleinasien bedeutende Mengen des besten Wachses. Indien liefert ein schwach riechendes graubraunes Wachs; besonders beträchtlich ist die Production desselben auf Timor, Timorlaout und

Flores und portugiesische Schiffe liefern jährlich nur von Timor gegen 20.000 Piculs nach China, welches Land sehr viel Wachs producirt, aber auch fast alles selbst verbraucht. Ebenso erzeugt Persien viel und schönes Wachs, welches aber selten in den Handel kommt. In Afrika liefern Egypten, Marocco und die Berberei viel, aber meist unreines Wachs; auch das abessynische Wachs ist gut und gesucht, während das Wachs aus den Ländern am Senegal von geringer Güte ist; seine Farbe ist dunkelbraun, mit wenig angenehmem Geruch und kommt in Form dicker länglicher Platten oder cylindrischen Massen von etwa 25 Kilogramm Schwere, in Suronen oder Kisten verpackt in den Handel. Das Guineawachs von der Guineaküste ist sehr hart und dem gelben russischen Wachse an Güte gleich; es wurde früher meistens mit dem berberischen und maroccanischen Wachse gemischt, um diese Sorten fester und leichter bleichbar zu machen.

Größere Mengen von Wachs liefern noch die Vereinigten Staaten von Nordamerika, deren beste Sorte das von New=York bildet, während die südlichen Staaten sehr geringe Qualität liefern, welche sich nicht völlig bleicht. Das amerikanische Wachs ist dunkelfarbig und schwer bleichbar, das Wachs von den Antillen ist verschieden gefärbt, geringer als das nordamerikanische und liefert Haïti nach das beste. Auch Jamaika producirt ein hochgelbes, ziemlich geschätztes Wachs. Aus Guadeloupe kommt schwarzes Wachs von wilden Bienen, welches sich aber nicht bleichen läßt.

Das Wachs, wie es die Bienen zusammentragen und zu Zellen verarbeiten, ist schneeweiß — alles aus den Bienen=stöcken nach Abscheidung des Honigs gewonnene Wachs hin=gegen mehr oder weniger gelb gefärbt. Von den Bienen=züchtern wird es meist in flachen, schüsselförmigen Scheiben, weißgelb bis dunkelgelb, hie und da auch graugelb geliefert; es hat einen körnigen, meist großmuscheligen Bruch, welcher krystallähnliche Structur zeigt. Bei niederer Temperatur ist es spröde, in der Handwärme aber erweicht es, wird knetbar und plastisch. Es hat einen schwach gewürzhaften Geschmack und haftet beim Kauen nicht an den Zähnen. In Wasser, kaltem Spiritus ist es nicht löslich; kochender Alkohol löst es vollständig, scheidet aber beim Erkalten das Meiste wieder aus und es bleiben nur geringe Antheile in Lösung. Schwefel= kohlenstoff, Aether, Benzin und Terpentinöl, sowie die meisten ätherischen Oele lösen es vollständig; mit den meisten Fetten und fetten Oelen läßt es sich in allen Verhältnissen zusammen= schmelzen. Das specifische Gewicht des reinen Bienenwachses ist gleich 0·965 bis 0·972; sein Schmelzpunkt liegt bei 62° bis 64° C. und der Erstarrungspunkt bei 58° C. Setzt man es einer höheren Temperatur aus, so zersetzt es sich, verdampft, läßt aber keinen Aeroleïngeruch wahrnehmen.

Wenn auch in physikalischer und chemischer Beziehung etwas abweichend, ist das Wachs noch immer zu den Fetten zu zählen; von diesen letzteren unterscheidet es sich haupt= sächlich durch das Fehlen der Glycerinverbindungen, es läßt sich mit Alkalien verseifen, scheidet aber kein Glycerin ab und ist deshalb als ein besonderer Körper abgetrennt worden. Das Bienenwachs besteht aus zwei verschiedenen Verbindungen, es ist ein Gemenge von in Alkohol löslicher Cerotinsäure (Cerin) und von in Alkohol wenig löslichem Melissin oder Myricin; das Myricin verseift sich in gewöhnlicher Lauge nicht, wohl aber die Cerotinsäure, doch kann man bei An= wendung großer Sorgfalt das erstere in der gebildeten Wachs= seife fein vertheilt erhalten. Außerdem enthält das Bienen= wachs noch organische Farbstoffe, vielleicht auch Chlorophyll,

sowie organische Reste, welche letztere beim Reinigen abge=
schieden werden. Die Farbstoffe bleichen am besten im reinen
Sonnenlichte, sie lassen sich wohl auch mit chemischen Mitteln
bleichen, doch soll man solche thunlichst vermeiden.

Das gebleichte Bienenwachs findet sich im Handel in
Form runder, dünner, durchscheinender Scheiben; es hat einen
schwach ranzigen Geruch, keinen Geschmack, schmilzt bei 64⁰
bis 67⁰ C., hat ein specifisches Gewicht von 0·970 bis 0·976
und verhält sich in seinen übrigen Eigenschaften dem natür=
lichen gelben Bienenwachse gleich.

Die Verfälschungen des Bienenwachses

sind bei dem meistens sehr hohen Preise dieses Productes
ziemlich bedeutende, können sowohl in dem natürlichen gelben
als auch in dem künstlich gebleichten weißen Wachse vorkommen
und geschehen entweder mit anderen Fetten und Fettsäuren,
wie Talg und Stearin, oder mit Pflanzenfetten, den vegeta=
bilischen Wachsarten, neuester Zeit auch mit dem raffinirten
Ozokerit (Erdwachs, Mineralwachs, Ceresin) und können endlich
auch durch Beimengung fester Stoffe vorgenommen werden.
Die Verfälschungen werden, wenn sie geübt werden, stets mit
größeren Mengen des Fälschungsmittels vorgenommen, da
einerseits viele derselben einen so hohen Preis haben, daß mit
einem geringen Percentsatze nicht geholfen wäre, anderseits
aber das Schmelzen, Mischen und in Formen gießen eine
Menge Kosten macht, welche sich nur rentiren, wenn die Ver=

fälschung auch ausgiebig durchgeführt wurde. Man kann daher mit einiger Sicherheit schließen, daß Verfälschungen, welche weniger als 30—40 Percent betragen, selten oder nie vor= kommen, solche mit 40—50 Percent und selbst mehr dagegen häufig geübt werden. Es ist daher beim Einkaufe des Wachses Vorsicht sehr am Platze und ist es stets gerathen, das specifische Gewicht und den Schmelzpunkt bei Bestimmung der Qualität zu beachten. Das specifische Gewicht des reinen, natürlichen, gelben Bienenwachses ist 0·960—0·963; das in tropischen Gegenden weicht hiervon etwas weniges ab, indem es bis gegen 0·966 betragen kann; das specifische Gewicht des gebleichten Wachses ist schwerer zu fixiren, da hierauf die bleichenden Mittel sowohl als auch Wasser eingewirkt haben können. Der Schmelz= punkt des gelben Wachses ist bei + 62° C.; der des gebleichten aber bei + 69° C.; derjenige des chinesischen Insectenwachses liegt zwischen + 81° und 82° C. Alle vegetabilischen Wachs= arten hingegen haben ein weit höheres specifisches Gewicht und ist solches zwischen 0·992—1·004 und selbst 1·010 zu suchen. Höchst wichtig, weil viel leichter zu bestimmen, ist der Schmelzpunkt. So schmilzt das japanische Wachs bei + 40—45°, das Myrthenwachs bei + 43° C., das Palmenwachs bei 100° C., das Carnaubawachs bei 85·5° C., das Kuhbaumwachs bei 60° C., das gereinigte Ceresin bei 85—90° C.; der Schmelz= punkt des Rindstalges liegt bei 37° C., der des Hammeltalges zwischen 47 und 50° C. Die Bestimmung des Schmelzpunktes ist nicht schwer, wenn man sich hierbei des Fig. 1 abge= bildeten kleinen Apparates bedient. Derselbe besteht aus einem blechernen Gefäß, welches auf einem Dreifuße steht und in welchem sich auf einem in demselben befestigten Draht= ringe eine Porzellanschale befindet. Das Gefäß wird bis nahe an den Rand der Schale mit Wasser gefüllt und nunmehr

mit Spiritus angeheizt. Ein in dem Wasser befindliches Thermo=
meter zeigt genau die Temperatur des Wassers an und wenn
dasselbe den Stand von 62⁰ erreicht hat, entfernt man die
Flamme oder verlöscht solche. Schmilzt das Wachs in der
Schale früher, so hat man eine Verfälschung vor sich —
schmilzt es später, also erst bei einer höheren Temperatur, so
kann man ebenfalls eine Verfälschung mit schwerer schmelz=
baren Pflanzenfetten vermuthen

Fig. 1.

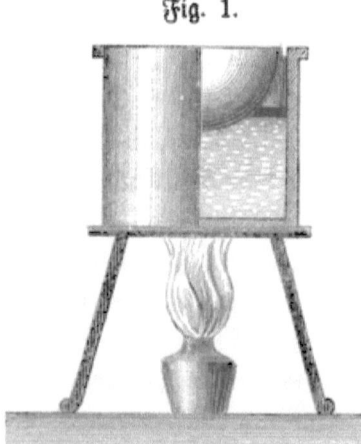

Apparat zur Bestimmung des
Schmelzpunktes.

und man hat nur den Schmelz=
punkt genau zu fixiren, um bei
genauer Kenntniß der Schmelz=
punkte anderer Wachsarten und
einiger Uebung auch die Art
der Verfälschung zu bestimmen.

Die einfache mechanische
Beimengung von Wasser wird
in der Weise ausgeführt, daß
man dem geschmolzenen Wachse
heißes Wasser zusetzt und so
lange rührt, bis das Gemisch
völlig erkaltet und das Wasser,
höchst fein vertheilt, sich in dem

Wachse befindet. Man erkennt diese Vermehrung des Gewichtes
schon an dem matten rauhen Bruche der Masse und bei
gelindem Erhitzen bis zum Schmelzen und Erkalten, wobei
aber jedes Umrühren vermieden werden muß; es scheidet sich
das Wasser ab und kann nach dem Wiegen des erkalteten
Wachses die Menge genau bestimmt werden. Zusätze von festen
Körpern, welche ebenfalls als Beschwerungsmittel dienen, wie
Ocker, Erbsenmehl, Schwerspath, Thon, Bleiglätte, scheiden
sich ebenfalls beim Schmelzen ab; löst man verdächtig scheinendes

Wachs in Terpentinöl oder Chloroform auf, so bleiben diese Substanzen ungelöst, schlagen sich zu Boden und können durch Decantiren leicht getrennt und dann näher untersucht werden. Die häufigsten Verfälschungen mit Talg und Stearin weist man schnell nach, wenn man eine Probe Wachs auf ein Gemisch von 1 Theil Alkohol und 2 Theilen Wasser legt; reines Wachs schwimmt obenauf, gefälschtes sinkt mehr oder weniger tief ein.

Verfälschung mit Talg. Ein Zusatz von Talg wird am leichtesten und raschesten gefunden, wenn man aus dem zu untersuchenden Wachse eine Kerze formt und diese anzündet; bei Anwesenheit von Talg ist beim Ausblasen der unangenehme und unverkennbare Talggeruch wahrzunehmen, die quantitative Bestimmung geschieht dadurch, daß das Wachs mit ziemlich concentrirter Natronlauge gekocht und die Mischung dann zur völligen Trockne eingedampft wird. Der Rückstand wird mit Terpentinöl oder mit Chloroform digerirt, worin sich das Wachs auflöst, die Talgseife jedoch nicht; die filtrirte Lösung wird ein= gedampft und der Rückstand gewogen, welcher als Wachs in Rechnung gebracht wird; was derselbe weniger wiegt, als die zur Untersuchung genommene Probe, ist zu ³/₄ Theilen als Talg anzunehmen.

Man kocht das zu untersuchende Wachs vorerst mit der 15fachen Menge Spiritus, so daß alles Wachs sich mischt, läßt abkühlen, gießt den Spiritus ab und bringt das erstarrte Wachs neuerdings mit Weingeist in einer Porzellanschale zum Sieden; in die heiße Flüssigkeit trägt man einige Stückchen kohlen= saures Ammoniak unter Umrühren ein, läßt erkalten, filtrirt und tröpfelt zu dem Filtrat Salzsäure, bis sich eine stark saure Reaction zeigt. War das zu prüfende Wachs mit Fetten

ober Fettsäuren verfälscht, so scheiden sich aus der Flüssigkeit
Fettsäuren in krystallinischer Form ab.

Die Prüfung auf Harz wird vorgenommen, indem
man etwa 3 Gr. des zu untersuchenden Wachses in einem
Reagensglase in der 10—12fachen Menge Chloroform auf=
löst und zu der Lösung 200 Gr. Kalkwasser hinzusetzt und
die Mischung schüttelt; reines Wachs bildet hierbei eine
emulsionsähnliche Flüssigkeit, bei Gegenwart von Harz scheidet
sich auf Zusatz der Kalkmilch eine trübe, gelbbräunliche Flüssig=
keit ab, auf deren Oberfläche graubraune Harzflocken umher=
schwimmen. Auch weist man Harz nach, indem man eine kleine
Menge Wachs in der 15fachen Menge 70percentigem Weingeist
unter öfterem Umschütteln in der Wärme löst, die Flüssigkeit
abkühlen läßt, den Weingeist von dem sich beim Erkalten
wieder abscheidenden Wachse abgießt, und in eine mit reinem
Wasser gefüllte Schale gießt; das Wasser bleibt klar,- wenn
das Wachs rein, trübt sich hingegen, wenn dasselbe mit Harz
verfälscht war und kann man durch genaues Abwiegen den
Percentsatz der Verfälschung bestimmen.

Bei Prüfung auf Verfälschung mit Stearin löst man
7 Gr. Wachs in der 9fachen Menge Chloroform und setzt zu
der Lösung 340 Gr. destillirtes Kalkwasser und rührt tüchtig
durch, so daß das Ganze eine gleichmäßige Masse darstellt;
bei Gegenwart von Stearin bildet sich nach ruhigem Stehen ein
lockerer, körniger Niederschlag einer Kalkseife. Behufs quantita=
tiver Bestimmung wird das Wachs mit der gleichen Menge
krystallisirtem, in wenig Wasser gelöstem, kohlensaurem Natron
gekocht, eingedampft und der Rückstand mit Chloroform
behandelt, worin sich das Wachs löst, das verseifte Stearin
aber unlöslich ist; durch Abdampfen der Lösung wird der
Wachsgehalt, aus dem Verluste die Verfälschungsmenge bestimmt.

Die Prüfung des weißen Wachses auf Paraffin ist leicht ausführbar; das zu prüfende Wachs wird in feine Spänchen geschabt, mit seinem 20fachen Gewichte Aether übergossen und einen halben Tag damit stehen gelassen. Paraffin löst sich in Aether auf, sehr wenig hingegen das Wachs; durch Abdampfen im Wasserbade wird der verbleibende Rückstand zu $5/6$ als Paraffin in Rechnung gebracht; außerdem kann dieser Rückstand noch speciell hinsichtlich seines Verhaltens zu Weingeist, seiner Krystallisation aus dieser Lösung und seines Schmelzpunktes näher auf Paraffin geprüft werden.

Uebergießt man in einer Porzellanschale ein etwa nuß-großes Stück Wachs mit der 8fachen Gewichtsmenge rauchender Schwefelsäure und erwärmt bis zum Schmelzen des Wachses, so löst sich dieses unter starkem Schäumen und Gasentwicklung in der Säure vollständig auf; es entsteht eine dunkelbraune Flüssigkeit, welche in Wasser gegossen, sich klar mit demselben mischt; enthielt das Wachs Paraffin, so scheidet sich dieses in öligen, beim Abkühlen erstarrenden Tropfen an der Oberfläche der Säure ab.

Behufs Prüfung des Bienenwachses auf Verfälschung mit vegetabilischen, namentlich aber dem japanischen Wachs, kennt man verschiedene Methoden, von denen einige hier erwähnt werden sollen.

Man schmilzt in einer Reagensröhre das Wachs und setzt 3 Raumtheile Salpetersäure hinzu; hierauf wird ein Kupferblech hineingestellt; japanisches Wachs färbt sich nach einigem Stehen gelblichbräunlich, reines Bienenwachs hingegen schmutzig weiß. Japanisches Wachs mit concentrirter Kalilauge gekocht, giebt eine trübe homogene Flüssigkeit, reines Wachs mischt sich nicht mit Kalilauge, sondern scheidet sich nach dem Erkalten oben ab, wobei die untere Flüssigkeit fast ohne

Trübung zurückbleibt; ein Gemisch beider Wachsarten verhält
sich wie die einzelnen Proben. Japanisches Wachs ist in Borax=
lösung löslich und giebt damit eine opalisirende Flüssigkeit;
Bienenwachs hingegen ist darin unlöslich. Die quantitative
Trennung eines Gemisches aus beiden Wachsarten ist nicht
auszuführen und es müssen bei solchen Prüfungen auch besonders
nur die mit evident reinem Wachse angestellten Gegenversuche
berücksichtigt werden.

Kocht man das zu prüfende Wachs mit einer Lösung von
1½ Theil in Borax in 20 Theilen Wasser und erhitzt zum
Kochen, so scheidet sich beim Erkalten reines Wachs als feste
Scheibe ab. Bei Gegenwart von japanischem Wachs erhält
man hingegen eine milchig getrübte Flüssigkeit; sind große
Mengen von Pflanzenwachs zugegen, so wird die Flüssigkeit
dick oder erstarrt zu einer gallertartigen Masse. Nach Dr. Dullo
lassen sich selbst geringe Mengen japanischen Wachses wie folgt
nachweisen: Man kocht 10 Gr. des zu untersuchenden Wachses
mit 120 Gr. Wasser und 1 Gr. Soda nur eine Minute lang;
ist japanisches Wachs beigemischt, so bildet sich sofort eine
Seife, die nach dem Erkalten allmälig fest oder doch dick
wird. Bienenwachs wird bei so kurzem Kochen mit einer derart
schwachen Sodalösung gar nicht verseift, sondern alles Wachs
scheidet sich in seiner natürlichen Festigkeit auf der Oberfläche
des Wassers wieder aus. Diese Seife aus japanischem Wachs
ist wesentlich anders, als die aus Stearin und Natron ent=
standene. Während die letztere schleimig, leimartig erscheint,
ist die erstere ein Brei der feinsten Körnchen. Beide Seifen
kann man nicht mit einander verwechseln, wenn man sie ein=
mal jede einzeln gesehen hat. Wenn man Seife aus japani=
schem Wachse in Weingeist löst, wovon man viel braucht und
wobei man Wärme anwenden muß, so scheidet sich beim

Erkalten ein Theil des Wachses aus, während ein anderer Theil in Weingeist gelöst bleibt, aber nicht fett wird. Zur Lösung des stearinsauren Natrons braucht man wenig Weingeist und geringe Anwendung von Wärme, aber diese Lösung wird nach einiger Zeit fest, auch wenn sie sehr verdünnt war. Nach Dr. Hager kann man auch eine Verfälschung des gelben Bienenwachses mit japanischem Wachs einfach durch Bestimmung des specifischen Gewichtes nachweisen, welches bei 20° C. zu 0·992—1·012 gefunden wurde. Ein gelbes Wachs von mehr als 0·975 specifischem Gewicht bei 20° C. kann stets mit aller Bestimmtheit als gefälschtes angesehen werden.

Dr. Hager hat sein älteres Untersuchungsverfahren des Wachses modificirt, vervollständigt und bequemer für die Ausführung gemacht. Die Untersuchung umfaßt nun folgende Vornahme:

1. Bestimmung des specifischen Gewichtes. Wenn die Masse des Wachses nicht von Feuchtigkeit durchsetzt ist, schneidet man mit einer heiß gemachten Messerklinge fünf und mehr kleine Stückchen ab, oder man schmilzt einige Gramm in einem Schälchen mit Ausguß, tropft das Wachs auf eine Glasplatte, welche früher mit einem feuchten Tuche abgewischt wurde und legt die Glasplatte in kaltes Wasser. Entweder lösen sich die Wachstropfen bei leisester Berührung oder man stößt sie nach Verlauf einer halben Stunde leicht ab. Das specifische Gewicht wird durch die bekannte Schwimmprobe auf einer Mischung von Wasser und Weingeist bestimmt, bis die Wachsstückchen nämlich in der in eine rotirende Bewegung versetzten Mischung kreisend schwimmen, ohne die Neigung des Auf- und Abwärtssteigens wahrnehmen zu lassen. Die Wachstropfen, welche etwa ein Luftbläschen einschließen, sind leicht zu erkennen, denn während die Hauptmenge der Tropfen am Grunde der

weingeistigen Flüssigkeit sich sammeln, schwimmen die bläschen=
haltenden nach oben oder am Niveau der Flüssigkeit. Letztere
beseitige man. Die Eigenschwere des Wachses, des gelben und
weißen, liegt zwischen 0·956 und 0·964, ist also durchschnittlich
0·960 und meistens 0·958—0·960. Liegt das specifische Gewicht
außer 0·956—0·964, so ist das Wachs einer Verfälschung
dringend verdächtig. Das specifische Gewicht ist meist ein
höheres bei Wachs, welches Stearinsäure, Harz oder japanisches
Pflanzenwachs enthält. Es ist geringer bei einer Beimischung
von Paraffin, Erdwachs oder Talg.

2. Lösung in Chloroform oder in einem fetten Oele in
der Wärme. Die Lösung ist bei trockenem Bienenwachse klar,
bei feuchtem etwas trübe, in der Lösung darf sich aber kein
Bodensatz bilden, welcher gesammelt und mit warmem Benzin
oder Aether gewaschen, näher zu bestimmen ist. (Mineralstoffe,
Stärkemehl.)

3. Boraxprobe. In einem Reagircylinder werden 6 bis
8 Kbcm. kaltgesättigte Boraxlösung mit einem bohnengroßen
Stücke des Wachses bis zum Schmelzen des letzteren erhitzt
und sanft agitirt. Die wässerige Flüssigkeit trübt sich etwas
beim reinen Bienenwachse, erscheint aber nie milchig trübe.

Stellt man zum langsamen Erkalten bei Seite, so sammelt
sich · die Wachsschichte im Niveau der Flüssigkeit, diese fast klar
oder nur wenig trübe oder halbdurchscheinend lassend. Wird
sie dagegen sofort milchig trübe, bleibt sie auch nach dem
Erkalten undurchsichtig und milchähnlich, so sind in dem Bienen=
wachse entweder japanisches Pflanzenwachs oder Stearin gegen=
wärtig. Harz · und brasilianisches Pflanzenwachs verhalten sich
in dieser Probe wie · reines Bienenwachs.

Außer den Bienen giebt es noch andere Insecten, welche Wachs bereiten, dasselbe aber allerdings nicht in der Form ablagern, wie dies die Biene thut. So ist längst die Gattung der Schildläuse bekannt, welche Wachs auf Pflanzen ablagert (siehe chinesisches Wachs), aber man hat neuerer Zeit die Entdeckung gemacht, daß sie verhältnißmäßig viel Wachs ausschwitzen, mit dem sich ihr Körper in kleinen Täfelchen bedeckt und das man durch Ablösung in heißem Wasser gewinnen kann. Die italienischen Professoren Targioni und Sestini beschäftigen sich mit der Untersuchung der Verwendbarkeit einer in Südeuropa häufig vorkommenden Schildlaus, die sich auf unseren Feigenbäumen aufhält und daher in den 'adriatischen und mediterranen Küstenländern sich nutzbar vermehren ließe.

Sestini hat eine Partie getrockneter Schildläuse, in einem leichten Leinwandlappen eingesackt, in siedendes Wasser gehalten und dann ausgepreßt. Das so erhaltene Wachs schwamm auf dem Wasser und wurde durch Ueberschöpfen in ein Gefäß mit kaltem Wasser erhärtet. Von 170 Gr. Schildläusen wurden 102 Gr. Wachs und ein anderes Mal von 100 Gr. Schildläusen 58 Gr. Wachs erzielt, also im Mittel 59%. Diese Masse hat aber noch einige abträgliche Eigenschaften. Sie ist besonders mit Theilchen der kleinen Thierleiber verunreinigt, die man aber durch wiederholtes Schmelzen und Filtriren beseitigen kann. Aber auch so gereinigt, brennt dieses Wachs noch mit rauchiger Flamme, es erweicht bei 38—40° C. und schmilzt bei 57° C. Trennt man aber davon das darin befindliche Cerolein durch Weingeist, so erhält man 44—45% einer ganz guten Wachsmasse, die erst bei 62—63° C. schmilzt, mit nicht rauchender Flamme brennt, keinen Geruch verbreitet und vom Bienenwachse kaum zu unterscheiden ist. Sie läßt sich, fein vertheilt und von Zeit zu Zeit befeuchtet, an der Sonne ziemlich gut bleichen.

Obwohl die Versuche bisher nur im Laboratorium gemacht wurden, veranlaßten sie doch durch ihre aufmunternden Resultate beide Professoren zu der Frage, ob es nicht des Versuches werth wäre, auch unserere europäische Schildlaus des Feigen= baumes durch Vermehrung auf zahlreichen Feigenbäumen nutz= bar zu machen, nachdem aus exotischen Coccusarten schon längst mit Vortheil Wachs bereitet wird.

Das chinesische Insectenwachs.

Pi=la oder Pe=la schließt sich dem Bienenwachse am nächsten an, wird aus China über London importirt und dürfte, wenn es erst in größeren Massen zu uns gelangt, weitere Bedeutung gewinnen, da es dann wohl auch im Preise billiger werden wird. Dieses Wachs wird von einem Insect (Coccus chinensis Westw), einer Art Schildlaus auf den Zweigen der chinesischen Esche (Fraxinus chinensis Roxb.) in den Provinzen Chekiang und Szetchuen abgelagert und schätzt man das jährliche Erzeugniß auf ungefähr 400.000 Pfd. Dieses Wachs kommt zu uns in Gestalt rundlicher, außen matt weißer, 10 Cm. dicker, 35 Cm. im Durchmesser breiter Kuchen, die in der Mitte durchlöchert sind. Auf dem Bruche erscheint die Masse rein weiß, glänzend, strahlig krystallinisch, dem Wallrath ähnlich, aber sehr hart, ohne Geruch und Geschmack; der Schmelzpunkt liegt etwa zwischen 81—82° C.,

wird aber von anderer Seite auch mit 100" C. angegeben.
Durch schmelzendes Kalihydrat wird es verseift und zerfällt
hierbei in Cerotin und Cerotinsäure. In China verwendet
man dieses Wachs unter Zusatz von Talg zu Kerzen, auch
zum Ueberziehen von Kerzen aus dem Wachse oder Fett von
Stillingia Sebifera Miq. soll es dienen; in Europa dient es
hie und da zur Verfälschung des gebleichten Bienenwachses.

Den Namen chinesisches Wachs, auch Stillingiafett, führt
noch eine von einer Euphorbiacee gewonnene Wachsart, sie
ist das den Kern umhüllende Fett, besteht vorwiegend aus
Stearin, schmilzt bei 37—40° C. und gehört eigentlich zu den
Pflanzenfetten.

Vegetabilisches Wachs.

Unter vegetabilischem Wachs verstehen wir eine Anzahl
aus dem Pflanzenreiche stammender Producte, welche im Aus=
sehen, in der Härte und der Schmelzbarkeit dem Bienenwachse
nahekommen und zu ähnlichen oder denselben Zwecken wie
diese Anwendung finden. Die meisten dieser Wachsarten, welche
von den vegetabilischen Fetten streng gesondert werden, kommen
auf der Oberfläche der Pflanzen vor, sie finden sich auf der
Oberhaut derselben, während die vegetabilischen Fette im
Innern der sie producirenden Organe vorkommen. Es ist eine
große Anzahl Pflanzen bekannt, welche Wachs liefern — auch
die Hauch= und reifähnlichen Anflüge einiger unserer Stein=
obstsorten, der Nadeln vieler Coniferen sind außerordentlich

dünne Wachsüberzüge, aber nichtsdestoweniger sind es nur
wenige Pflanzen, welche dieses Product in solcher Menge
liefern, daß es ein Handelsartikel geworden ist.

Die im Handel vorkommenden vegetabilischen Wachs=
arten bilden zusammengeschmolzene Massen von unregel=
mäßigen und auf künstlichem Wege hergestellten Formen von
mehr oder weniger weißer, gelblicher, gelber, grauer, blaß=
grünlicher oder auch brauner Farbe. Die Härte ist verschieden,
bei einigen Sorten größer, bei anderen geringer; am härtesten
ist das Carnauba= und Palmenwachs, am weichsten das Ocuba=
wachs, indessen lassen sich alle drei mit dem Fingernagel
ritzen. Das specifische Gewicht derselben kommt dem Wasser
nahe, eine Sorte, das Myricawachs, hat genau dieselbe Dichte.
Die Schmelzpunkte sind sehr verschieden und liegen theils
unter, theils über dem des Bienenwachses. Von kochendem
Alkohol werden alle Arten gelöst, fallen aber beim Erkalten
zum größten Theil wieder aus der Lösung heraus. Alle Arten
vegetabilischen Wachses sind nahezu völlig geruchlos. Hin=
sichtlich der chemischen Eigenschaften und Zusammensetzung hat
man früher allgemein solche identisch mit dem Bienenwachse
gehalten, doch muß gleich hier bemerkt werden, daß alles
Pflanzenwachs in die Reihe der Glyceride, somit der Fette
zu stellen ist. Von allen Fettsäuren scheint am häufigsten
die Palmitinsäure vorzukommen, doch sind auch Stearinsäure,
Oleïnsäure, Myristinsäure und Laurostearinsäure nachgewiesen
worden. Man hat wohl aus dem Carnaubawachse den Melissyl=
alkohol abgeschieden, eine Substanz, die sich auch aus dem
Myricin (palmitinsaures Melissyloxyd) des Bienenwachses ge=
winnen läßt und ferner in demselben Wachs auch eine kleine
Menge eines Körpers gefunden, der in naher Beziehung zu
der Cerotinsäure (sogenanntem Cerin des Bienenwachses) zu stehen

scheint, und den man für Cerotin hält. Allein nichtsdesto=
weniger darf man das vegetabilische Wachs eigentlich nur als
ein pflanzliches Fett betrachten. Neben kleinen Mengen Wasser,
färbender und riechender, sowie mineralischer Bestandtheile
kommen auch einige Substanzen harziger Natur vor; so
im Zuckerrohr eine eigenthümliche, in perlmutterglänzenden
Schuppen krystallisirende, auf Papier keine Fettflecke hinter=
lassende Verbindung, welche bei 82° C. schmilzt, in kaltem
Alkohol und Aether unlöslich, in siedendem Alkohol löslich
ist und die man Cerosin genannt hat. Die im Handel am
häufigsten vorkommenden Wachsarten sind: Carnaubawachs,
Palmwachs. Myricawachs, Japanesisches Wachs, Wachs von
Ficus ceriflua und Ocubawachs.

Das Carnaubawachs, auch Cereawachs,

stammt von der Carnauba=Palme, Copernicia cerifera, einer
Fächerpalme in den brasilianischen Provinzen Pernambuc,
Rio grande und Ceará und findet sich auf den jungen Blättern
derselben abgelagert. Die Blätter werden behufs Gewinnung
vom Baume vorsichtig abgeschnitten und die Wachsschuppen
durch einfaches Abschütteln von den Blättern gelöst. Auf diese
Weise erhält man ein grauweißes Pulver, welches über freiem
Feuer oder in kochendem Wasser geschmolzen wird. Das so
gewonnene rohe Carnaubawachs ist bereits seit einiger Zeit
Handelsgegenstand, kommt in großen Mengen nach England
und seit dem Jahre 1868 auch nach dem übrigen Europa,
wo es durch Umschmelzen gereinigt wird. In neuerer Zeit ge=
langt es auch schon gereinigt nach Europa.

Das rohe Carnaubawachs ist schmutzig gelblichgrün,
stellenweise bräunlich und von kleinen Blasenräumen durchzogen.

Dem freien Auge erscheint es bis auf kleine blasige Stellen dicht; mit der Loupe erkennt man aber, daß es durch und durch von kleinen Luftbläschen durchsetzt wird.

Es bildet Klumpen von verschiedener Größe, die an der Außenfläche dunkler gefärbt und mit einem weißlichen Anfluge versehen sind, der aus krystallinischer Substanz besteht. Es ist hart, spröde, geschmack= und geruchlos. Das reine Carnauba= wachs hat eine blaßgrünlichgelbe Farbe, ein dichtes Gefüge, ist hart, spröde und ebenfalls geruch= und geschmacklos. Luft= bläschen sind darin nur mikroskopisch nachweisbar. Beim Erhitzen bildet es eine klare, schwach aromatisch riechende Flüssigkeit.

Die Dichte des Carnaubawachses beträgt bei mittlerer Temperatur 0·999; der Schmelzpunkt wird verschieden an= gegeben und soll zwischen 83·6 und 97° C. liegen. Professor Wiesner fand den Schmelzpunkt bei 84·4° C. und den Er= starrungspunkt bei 81° C. In kaltem Alkohol ist das Car= naubawachs nur wenig löslich, in siedendem Aether und Alkohol löst es sich vollständig; die concentrirten Lösungen erstarren beim Erkalten unter Ausscheidung einer weißen Masse.

Das gereinigte Carnaubawachs enthält nach Lewy:

80·33% Kohlenstoff,
13·07% Wasserstoff und
6·60% Sauerstoff.

Durch Verseifen mit alkoholischer Kalilauge erhält man Melissylalkohol, dessen Menge 31% beträgt und welcher bei 88° C. schmilzt. Die beim Verbrennen zurückbleibenden Aschen= mengen betragen beim ungereinigten Wachse 0·83, beim ge= reinigten 0·51% Asche. Brande fand, daß sich das Wachs bei halbstündigem Kochen mit Kalilauge roth färbe; bei der trockenen Destillation soll es nach Lewy ein paraffinartiges Product liefern.

In Brasilien dient das Wachs zur Kerzenbereitung, in Europa benützt man es als Substitut und zum Fälschen des Bienenwachses.

Das Palmwachs

wird von den gefällten Stämmen der auf den höchsten Cordilleren Neugranadas vorkommenden Wachspalme, Ceroxylon andicola, welche es in Form von Krusten überdeckt, abgeschabt, durch Zusammenschmelzen über freiem Feuer in eine compacte Masse verwandelt und durch Umschmelzen gereinigt. Auch durch Auskochen der Rinde mit Wasser soll es erhalten werden. Die Wachskrusten haben ein Dicke bis zu 6 Mm. Jeder Baum soll etwa 13 Kilogr. Wachs liefern.

Die Farbe desselben ist gelblichweiß; es stimmt hinsichtlich Härte, Sprödigkeit und im Verhalten gegen Lösungsmittel mit dem Carnaubawachse überein, doch schmilzt es schon bei 72° C. In chemischer Beziehung ist es noch nicht so genau untersucht, als die früher genannte Sorte; es ist ein Gemenge von Harz und wachsartigen Körpern, von denen einer krystallisirt ist.

Im Handel kommt das Palmwachs in unförmlichen Klumpen oder in Kugelform vor; doch scheint es jetzt selten zu sein und waren verschiedene Proben, welche unter dem Namen Palmwachs von Professor Wiesner untersucht wurden, nur Carnaubawachs.

Das Myricawachs, auch Myrthenwachs

wird durch Auskochen mit Wasser der Beeren von Myrica cerifera und M. carolinensis in Nordamerika, von M. cara-

cassana in Neugranada und vom Cap aus Beeren von M. quer=
cifolia, M. cordifolia und M. lacinata dargestellt. Die Früchte,
auf deren Oberfläche sich das Wachs in 0·1—0·3 Mm. dicken
Schichten als weiße Kruste ansammelt, sinken im Wasser unter,
das Wachs schmilzt an der Oberfläche des Wassers zusammen
und wird durch wiederholtes Umschmelzen gereinigt; ein
Strauch liefert 10—15 Kilogr. Beeren, die 14—25% Wachs
liefern.

Die Farbe des Myricawachses ist grünlich, einige nord=
amerikanische Sorten haben eine lebhaft apfelgrüne Farbe.
Nach mehrjährigem Liegen an der Luft und am Lichte bleichen
diese Wachsarten, aber schon wenige Millimeter unter der
Oberfläche ist die ursprüngliche Färbung unversehrt erhalten.
Die grüne Farbe soll von Chlorophyll herrühren. Aeltere
Klumpen des Myricawachses sind mit einem dünnen aber
dichten Ueberzuge von weißlicher bis bräunlicher Farbe über=
zogen. Frische Bruchflächen desselben werden an der Luft sehr
bald mit einem weißen, nicht zusammenhängenden Hauch überdeckt.

Die Härte des Wachses ist größer als die des Bienen=
wachses, aber geringer als die des Carnauba= und Palmwachses.
In der Festigkeit kommt es dem Bienenwachse fast gleich.
Geschmack ist nicht wahrnehmbar, der Geruch ist schwach
balsamisch, welcher sich beim Schmelzen als ein rosmarin=
ähnlicher bemerkbar macht.

Die Dichte und der Schmelzpunkt werden verschieden
angegeben; erstere soll zwischen 1—1·005 und 1·015, letzterer
zwischen 42·5—49° C. liegen. Kalter Weingeist löst nur wenig
vom Myricawachse auf. In siedendem Alkohol lösen sich nach
Moore nur 80% auf, der Rest ist in Aether löslich und
krystallisirt aus der Lösung heraus.

Das Myricawachs besteht aus Fetten, ist leicht verseif=
bar; nach Chevreuil finden sich darin: Stearinsäure, Mar=
garinsäure (Palmitinsäure), Oleïnsäure, alle an Glycerin ge=
bunden; nach Moore hingegen Palmitin (palmitinsaures Gly=
cerin), freie Palmitinsäure und etwas Laurostearinsäure. Auch
Myristinsäure soll vorkommen, ja selbst die Bestandtheile des
Bienenwachses darin enthalten sein. Die Aschenmenge beträgt
etwa 0·17%. Die Verwendung des Wachses ist dieselbe, wie
jene des Bienenwachses; da es jedoch eine geringere Plasticität
als dieses besitzt, so steht es für gewisse Arbeiten hinter diesem
zurück.

Das japanische Wachs

wird aus den Samen von Rhus succedana, eines in Japan
und China einheimischen, aber auch in Ostindien cultivirten
Baumes, gewonnen. Es findet sich in den Zellen des Samen=
gewebes und wird wie die Pflanzenfette durch Auspressen der
Samen erhalten. Nach E. Simon in Nagasaki werden die
Samen im Herbste geerntet, von den Zweigen abgedroschen,
durch 14 Tage getrocknet, hierauf schwach geröstet, gemahlen
und in der Wärme ausgepreßt. Durch Bleichen an der Sonne
werden bessere Sorten gewonnen.

Das japanische Wachs kommt in Form von centner=
schweren Blöcken, in neuerer Zeit auch in Gestalt kleiner, etwa
10 Cm. im Durchmesser haltenden Scheiben in den Handel.
Seine Farbe ist blaßgelb, wird aber bei längerem Liegen
außen intensiver gelb bis bräunlich gefärbt und überzieht sich
alsbald mit einem Anfluge. Das Aussehen ist wachsartig.
Auch theilt diese Substanz mit dem Bienenwachse die Härte
und die Eigenschaft, sich mit der Hand kneten zu lassen. Es

bricht eben oder großmuschelig, die frische Bruchfläche ist matt, die frische Schnittfläche hingegen wachsglänzend.

Nach H. Müller ist das specifische Gewicht 0·98, nach Trommsdorf gleich 0·97. Die Angaben über den Schmelz= punkt variiren sehr und bewegen sich zwischen 42 und 55° C.; es scheint hieraus hervorzugehen, daß das japanische Wachs, ähnlich vielen anderen Pflanzenfetten, mit der Zeit einen höheren Schmelzpunkt annimmt.

Das Wachs löst sich nicht in kaltem, wohl aber in heißem Alkohol; die Lösung bildet eine Gallerte beim Erkalten. Durch Kalilauge wird es vollkommen verseift. Das japanische Wachs besteht vorwiegend aus Palmitinsäure und Glycerin, der Hauptbestandtheil soll nach Berthelot Dipalmitin sein. Ein Theil der Palmitinsäure scheint beim Liegen an der Luft ab= geschieden zu werden, wie der krystallinische Anflug auf der Oberfläche und dessen Löslichkeitsverhältnisse vermuthen lassen. Im unverfälschten Zustande enthält es nur Spuren von Wasser und giebt nur 0·01—0·08% Aschenbestandtheile. Beim Kauen verwandelt sich das Wachs in ein grobes Pulver und zeigt ranzigen Geruch und Geschmack. Es wird sehr leicht ranzig, ist daher für medicinische Zwecke nicht gut verwendbar. Die Verfälschung mit Wasser soll eine ziemlich häufige sein und von demselben öfters 15—20%, ja selbst 30% enthalten. Durch den Wasserzusatz verliert es das klare, dem Bienen= wachse ähnliche Ansehen, · es wird mattweiß, spröde und leicht zerbrechlich. Das Wasser läßt sich durch Schmelzen leicht trennen, da es nicht chemisch an das Wachs gebunden, sondern demselben nur mechanisch beigemengt ist.

Unter allen vegetabilischen Wachssorten ist das japanische das wichtigste; von Japan und Singapore kommen in neuerer Zeit große Mengen desselben in den Handel. Es wird nament=

lich auf der Insel Kinsin, auf Sikok und den Lin-tschin-
Inseln, aber auch in der Umgebung von Nagasaki gewonnen
und kommt theils directe von Nagasaki und Osaka, theils
über Shanghai und Hongkong nach Europa. Seit wenigen
Jahren produciren die Japaner auch Wachs in kleinen, beinahe
weißen Brocken, welche in Folge sorgsam geleiteter Abscheidung
einen Grad von Knetbarkeit zeigen, wie solcher an vegetabilischem
Wachse bisher nie bemerkt worden ist. Auch das auf Formosa
aus Rhus succedana dargestellte vegetabilische Wachs gelangt
auf dem gleichen Wege nach Europa. Das indische Product
kommt über Singapore.

Das Wachs von Ficus ceriflua

kommt in West- und Mitteljava vor und stellt ursprünglich
einen fetten milchähnlichen Saft dar, welcher, über freiem
Feuer gekocht, sich in ein festes Wachs von grauer Farbe,
welches durch Bleichen rein weiß wird, verwandelt. Das auf
Sumatra von demselben Baume gewonnene Wachs führt den
Namen Getah Lahoc. Die Farbe des Wachses ist grau;
härter und spröder als Bienenwachs, beträgt sein specifisches
Gewicht bei mittlerer Temperatur 0·963. Nach Bleekrode
wird es bei 50º C. syrupartig und schmilzt bei 61º C., worauf
es wachsartig gesteht. Bei 75º C. wird es dünnflüssig; in
kaltem Alkohol lösen sich nur 10% einer klebrigen Substanz.
Es ist in Schwefelkohlenstoff unlöslich, löst sich dagegen in
Aether, Steinöl und Terpentinöl; von kochendem Alkohol soll
es ebenfalls gelöst werden. Durch Behandeln mit kochender
Kalilauge wird es entfärbt, aber nicht gelöst. In den Pro-
ductionsländern wird es wie Bienenwachs gebraucht; ob es
nach Europa gelangt, ist nicht mit Sicherheit zu sagen.

Das Ocubawachs,

deffen Abstammung noch nicht völlig festgestellt ist, soll von einer Myristica-Art, wahrscheinlich M. Ocuba herrühren und durch Kochen der zerkleinerten Früchte, bei welchem Verfahren sich das Wachs an der Oberfläche ansammelt, gewonnen werden. Die Früchte liefern etwa 18% Wachs. Es ist gelblichweiß, weicher als Bienenwachs, in kaltem Alkohol unlöslich, löslich hingegen in siedendem Alkohol und in Aether. Die Dichte ist gleich 0·918 bei 15° C.; der Schmelzpunkt liegt bei 36·5° C. Identisch mit dem Ocubawachse dürfte jedenfalls das Bicuhibawachs sein, da die organische Elementar=Analyse für beide Wachssorten fast dieselbe percentuale Zusammensetzung ergeben hat.

Das Kuhbaumwachs

wird aus dem Milchsafte des auf den Abhängen der Cor= dilleren heimischen Kuhbaumes (Brosmium Gelactodendron) gewonnen. Aus diesem Baume fließt, wenn die Rinde ange= schnitten wird, ein wie Kuhmilch schmeckender Saft, der sich an den Wundstellen schnell verdickt, grauweiß wird und dann zu laufen aufhört. Um das Wachs zu gewinnen, wird der Saft gekocht und sodann abgekühlt. Das so gewonnene Wachs ist gelblichweiß, durchscheinend, knetbar, schmilzt bei 60° C., brennt gut, läßt sich leicht verseifen und kommt in seinen Eigenschaften dem Bienenwachse sehr nahe.

Das Wachs von Kopernica cerifera

wurde 1873 zum erstenmale nach Europa gebracht, und erregte sowohl dieses Product selbst als auch die daraus gefertigten Kerzen die Aufmerksamkeit der Besucher der Wiener Welt=

ausstellung 1873. Dasselbe wird in großer Menge, besonders in Ceará und Maragnon, aus der wachsgebenden Kopernicie (Kopernica cerifera) erhalten und hat eine blaßgrüne Farbe und beinahe spröde Beschaffenheit. Die Oberfläche des fächerförmigen Blattes, dessen Strahlen Meterlänge haben, ist mit einem weißen Ueberzuge bedeckt, welcher sich bei der leisesten Berührung des Blattes in kleinen Schüppchen abblättert. Diese Schüppchen sind nichts anderes als die in Wachs umgewandelte Cuticula der Blattoberhaut. Die Gewinnung von Wachs aus der in Rede stehenden Palme ist eine höchst einfache. Die Wachsschuppen werden mit den Händen vom Blatte abgeschüttelt und die so erhaltene staubige Masse in heißem Wasser zu größeren Klumpen zusammengeschmolzen. Dieses Wachs läßt sich noch zu billigeren Preisen als das japanische Wachs nach Europa stellen und ist schon auf dem Londoner Markte zu finden. Es soll, ohne Aenderung seiner Eigenschaften, durch chemische Mittel gebleicht werden können.

Außer diesen, meistentheils im Handel vorkommenden Wachsarten giebt es noch eine Anzahl anderer vegetabilischer Wachssorten, welche aber keine mercantile Bedeutung haben. Hierher gehören:

Wachs von Bucharis confertifolia Colla. in Chili. Das Wachs ist grün, zähschmelzend.

Wachs von Myrica serrata Lam. am Cap der guten Hoffnung. Wachs von Myrica Xalapensis Kth. in Mexico. Das Wachs kommt an den Früchten vor.

Wachs von Myrica Faya H. Kew. auf den Canarischen Inseln. Dieses Product dürfte kaum im Handel vorkommen.

Wachs von Klopstockia ceriféra Karst. in Süd=
amerika.

Auch an den Stämmen mehrerer in Ostindien und Süd=
amerika vorkommenden Cocos=Arten (Cocospalmen) soll sich
ein reichlicher Wachsüberzug vorfinden, der in einigen Ländern,
ähnlich wie das Wachs von Ceroxylon andicola, gewonnen
werden soll.

Das Mineralwachs oder Ceresin, Cerosin oder Ozo-Cerotin.

Vorzüglich in Galizien, Rumänien und auf der Insel Tsche=
lekan an der Westküste des Kaspischen Sees findet sich eine eigen=
thümliche weiche Masse, welcher man wegen ihrer Aehnlichkeit mit
dem Bienenwachse den Namen Erdwachs oder Ozokerit gegeben
hat. Dasselbe besteht, wie das Petroleum, aus einer Reihe
von Kohlenwasserstoff=Verbindungen, welche vorwiegend feste,
krystallinische Beschaffenheit zeigen und ist eigentlich als ein
durch Oxydation verändertes Petroleum zu betrachten, da es
sich vielfach in der Nähe von Petroleumquellen findet. Das
Mineralwachs wird bergmännisch gewonnen, indem man bis
zur Lagerstätte desselben einen Schacht abteuft und mittelst
Stollen die Nester, in welchen sich dasselbe findet, aufsucht.
Eröffnet man ein solches Nest, so kann es vorkommen, daß
das Product in Folge des mächtigen Druckes eingeschlossener
Gase als eine weiche Masse mit großer Gewalt herausgepreßt
wird und die Bergleute sich eiligst flüchten müssen, um nicht

zu verunglücken. Häufig ist der Druck so mächtig, daß Schachte von großer Tiefe binnen wenigen Stunden ganz angefüllt sind und das Wachs bis an die Oberfläche getrieben wird.

Das rohe Erdwachs ist eine halbfeste Masse, welche sich in ihrer Consistenz jener des weichen Bienenwachses nähert, sich leicht zwischen den Fingern kneten läßt und hinsichtlich seiner Färbung ziemliche Verschiedenheit zeigt; es stellt bald eine hellgelbe härtliche Masse von marmorartigem Aussehen und schwachem Geruche, bald eine dunkelölgrüne, braune und selbst schwarze Masse vor. Je höher der Schmelzpunkt (gewöhnlich zwischen 58 und 100° C.) liegt, um so besser gilt es; es muß den Eindruck der Finger scharf zeigen und wenn man ein Stück zerschneidet, soll die Masse keine käseartige, glatte Schnittfläche zeigen, sondern sie muß an dem Messer haften und das Zerschneiden nur unter Anwendung von großer Kraft möglich sein. Alles aus der Grube kommende Wachs wird, ehe man es in den Handel bringt, einer Schmelzung, sei es mit directem Feuer oder Dampf, unterworfen, um die enthaltenden erdigen und sonstigen fremden Theile zu ent= fernen, so lange flüssig erhalten, bis sich solche zu Boden gesetzt haben und die flüssige Masse in eiserne kegelförmige Erstarrungsgefäße gebracht. Aus diesem umgeschmolzenen Erd= wachse wird nunmehr das Ceresin auf mehrere Arten dar= gestellt und sagt hierüber A. Burgmann in seiner Schrift: »Petroleum und Erdwachs«, welche Allen, welche sich eingehender informiren wollen, zum Studium empfohlen sei:

Seitdem man in Europa die bedeutenden Lager von Erdwachs kennen gelernt, hat sich die Anwendung desselben und der daraus dargestellten Producte immer mehr aus= gebreitet. Das durch bloßes Schmelzen gereinigte Erdwachs, besonders die hellfarbigen Sorten desselben, werden immer

mehr als Erſatzmittel für das echte Bienenwachs verwendet
und eignet ſich dieſes Product in ganz vorzüglicher Weiſe für
die verſchiedenſten Zwecke. Man kann dasſelbe auch zur Fabri=
kation von Kerzen benützen, welche aber den Nachtheil haben,
daß ſie nicht mit rein weißer Flamme brennen.

Zur Darſtellung des Cereſins wird das Erdwachs ein=
fach durch Ausſchmelzen mechaniſch gereinigt und dann mit
Schwefelſäure, die bis zu 10 Percent angewendet wurde, er=
hitzt; die Schwefelſäure wird hierbei theilweiſe zerlegt und
entwickelt ſich eine bedeutende Menge von ſchwefliger Säure
aus der bis auf 100 und ſelbſt bis auf 120° erhitzten Maſſe.
Die Zeit, während welcher man Erdwachs mit Schwefelſäure
erhitzt, iſt eine ſehr verſchiedene und iſt auch theilweiſe durch
die Güte des angewendeten Materials bedingt; verarbeitet
man reines Erdwachs, ſo genügen 5—6 Stunden, hat man
aber unreine Qualitäten, ſo muß man 8 und ſelbſt 10 Stunden
erhitzen und es wird von Praktikern vielfach die Anſicht aus=
geſprochen, daß das Erhitzen überhaupt ſo lange fortzuſetzen
ſei, bis ſich keine ſchweflige Säure mehr entwickelt. Nach be=
endeter Arbeit ſcheiden ſich die harzartigen Antheile am Boden
des Gefäßes ab und die gereinigte, über derſelben ſtehende
Flüſſigkeit klärt ſich nach und nach. Ueberläßt man die Maſſe
ganz ſich ſelbſt, ſo klärt ſie ſich am vollſtändigſten und man
ſchöpft ſie erſt in die Erſtarrungsgefäße, wenn ſie beginnt zu
erſtarren. Die Maſſe iſt nach genommenen Proben ziemlich
klar, zeigt aber in etwas dickeren Schichten ſich ſchwarz, da
ſie große Mengen verkohlter, in derſelben fein vertheilter Sub=
ſtanzen zeigt, welche ſich durch Abſetzen nicht niederſchlagen.

Aus dem Raffinirkeſſel wird die geſchmolzene Maſſe, ohne
den Bodenſatz aufzurühren, in ein anderes Gefäß gebracht, in
welchem ſie mit Spodium innig und gleichmäßig gemiſcht

wird. Der Apparat ift fo befchaffen, baß er mit Dampf ge=
heizt werden fann, ba bas Abfetzen bes Spobiums nur fehr
langfam unb bei fortwährendem Flüffigerhalten bes Erbwachfes
vor fich geht. Das Spobium wirft entfärbenb, bie entfärbte
Maffe wirb nun auf Trichter mit Papierfiltern, welche eben=
falls mit Heizvorrichtungen verfehen finb, gebracht unb bas
Spobium burch Filtriren befeitigt. In manchen Fabrifen wirb
bas Erbwachs fogar auf eine noch einfachere Weife gereinigt,
indem man in bie mit Schwefelfäure behandelte Flüffigfeit
bas Spobium ohne vorheriges Abfetzen fofort einrührt unb
bie Mifchung erftarren läßt. In biefem Falle wirb bie Schwefel=
fäure an ben Kalf bes Spobiums gebunden, man erhält eine
Maffe von fchwarzer Färbung, welche einfach in oben er=
wähnter Weife durch Papier filtrirt wirb. Die Rückftände
werden bann auf Paraffin unb Paraffinöle verarbeitet. Legt
man auf bie Gewinnung bes Paraffins ben Hauptwerth, fo
gelangt bas Deftillations= ober Extractionsverfahren zur An=
wendung; wir beabfichtigen hier nur bie Darftellung bes
Cerefins zur Anfchauung zu bringen unb verzichten baher auf
weitere Ausführungen.

Durch wieberholtes Umfchmelzen unb Filtriren erzielt
man endlich ein vollfommen reines weißes Cerefin, welches
fich in vielen feiner Eigenfchaften dem Bienenwachfe nähert,
unb befteht in ber That ein großer Theil bes in ben Handel
gelangenben Bienenwachfes nur mehr aus Cerefin. Der bem
letzteren mangelnbe Geruch bes reinen Bienenwachfes wirb
auf fünftliche Weife erreicht, ebenfo auch gelbes Bienen=
wachs burch Färbung mit verfchiedenen Farbftoffen hergeftellt;
man hat baher beim Einfaufe von Wachs fehr vorfichtig zu
fein unb habe ich in einem befonberen Capitel bie verfchiedenen
Prüfungsmethoden auf bie Reinheit befprochen.

Reinigung (Umschmelzen) und Bleichen des Wachses.

Alle käuflichen Bienenwachssorten müssen, ehe sie weiter verarbeitet werden können, zusammengeschmolzen und sehr sorg= fältig durchgeseiht oder filtrirt werden, um alle in demselben vorhandenen Unreinigkeiten fester Natur, sowie auch etwa bei= gemischtes Wasser abzuscheiden. Es ist eine ganz natürliche Sache, daß je nach der Verschiedenheit der Pflanzen, aus welchen die Bienen ihre Nahrung hauptsächlich gesogen, auch das Wachs verschieden ist, daß solches namentlich hinsichtlich Farbe, Menge und Art der organischen Reste sehr verschieden sein muß und da der ·Wachswaarenfabrikant seinen Roh= stoff von verschiedenen Seiten bezieht, ist er gezwungen, um ein einheitliches Product zu erzielen, solchen zusammenzuschmelzen. Das gelbe Wachs kann nur zu einigen wenigen Zwecken ver= wendet werden; man ist gezwungen, dasselbe zu bleichen und da das Wachs sich sehr verschieden — besser oder schlechter — bleicht, prüft man dasselbe, ehe man zum Zusammen= schmelzen schreitet, auf seine Bleichbarkeit. Zu den leicht und gutbleichbaren zählt man folgende Wachssorten: österreichisches, ostgalizisches, ungarisches, siebenbürger, deutsches, venetianisches, russisches, türkisches, französisches, spanisches, dann levantisches; zu den schwieriger bleichbaren das mährische, schlesische, west= galizische, illyrische, tiroler, dann das meiste asiatische, afrika= nische und amerikanische Wachs. Diese Bleichproben müssen, nur um sie rasch durchführen zu können, mit chemischen Mitteln gemacht werden, während man beim Bleichen im

Großen aus besonderen Rücksichten, welche später klargelegt werden, ein anderes Bleichverfahren einschlägt.

Zur Vornahme dieser Proben bereitet man sich zunächst eine Bleichlauge aus 2 Theilen gutem Chlorkalk und 20 Theilen Wasser, indem man den Kalk mit dem Wasser anrührt, auf ein Papierfilter bringt und rasch abfiltrirt, um das Chlor so wenig als thunlich verflüchtigen zu lassen und die Wirkung der Bleichflüssigkeit nicht zu beeinträchtigen. Auch kann man, um den Proceß abzukürzen, fertige Bleichlauge beziehen, doch ist es immer besser, solche selbst zu bereiten, da man dann von ihrer Güte überzeugt ist.

Das zu prüfende, in kleine Spänchen geschabte Wachs bringt man nunmehr in ein, am besten mit einem Glasstoppel zu verschließendes Fläschchen, übergießt es mit der klaren Bleichflüssigkeit und schüttelt.

Bleicht das Wachs innerhalb 5 bis 7 Minuten, so kann man es den leicht bleichbaren zuzählen und arbeitet man mit mehreren Gläschen, bei welchen man (selbstredend für jedes einzeln) den Beginn und die Vollendung des Bleich=processes genau verzeichnet, so kann man bei den verschiedenen Proben leicht die Zeit, welche jede einzelne der Proben ge=braucht, bestimmen und auf die bessere oder schlechtere Bleich=fähigkeit zuverlässige Schlüsse ziehen.

Nach diesen gewonnenen Resultaten wird das Wachs sortirt und nunmehr dem Proceß des Umschmelzens zugeführt. Je öfter man das Wachs bei niederer Temperatur mit Wasser zusammenschmilzt, um so mehr werden Antheile des mechanisch (allerdings auch chemisch) beigemengten Farbstoffes aus dem=selben entfernt; je niederer die Temperatur ist, um so schöner werden die einzelnen Umschmelzungen ausfallen und beson=ders schön, wenn man nicht directes Feuer, sondern Dampf

anwenden kann. Freilich eignet sich die Dampfanlage, ihrer
Kostspieligkeit halber, nur für den Großbetrieb. Ist eine
Dampfanlage vorhanden, so kann das Schmelzen des Wachses
und namentlich das Reinigen desselben mittelst Dampf durch
Filtration durchgeführt werden; besonders die letztere Manipu=
lation, welche bei gewöhnlichem Betriebe überhaupt nicht in
Anwendung gebracht werden kann. Die Dampfapparate, in
welchen das Wachs geschmolzen wird, können doppelwandig
sein, doch ist dies nicht nöthig, da bei dem niederen Schmelz=
punkte desselben hölzerne Kufen mit durchgehenden Schlangen=
rohren hinreichende Wärme erzeugen. Die Filter sind doppel=
wandig; in den Mantel strömt fortwährend Dampf ein, der
das Wachs schmelzend erhält, und es lassen sich auf diese
Weise der Filtration durch Papier die kleinsten und feinsten
festen Theilchen absondern. Steht Dampf nicht zur Ver=
fügung, so muß das Wachs durch das Wasserbad so lange
flüssig erhalten werden, bis sich durch Absetzen alle Unreinig=
keiten ausgeschieden haben.

Welche Vortheile die Dampfeinrichtung schon hier bietet,
ist leicht einzusehen und sie erfahren noch eine erhebliche
Steigerung bei der Verarbeitung des Wachses zu Kerzen. Ein
Hauptaugenmerk beim Umschmelzen, sowie überhaupt bei der
Verarbeitung des Wachses ist auf die in Verwendung
kommenden Apparate, Kessel und Geschirre zu legen; sind die=
selben aus Kupfer, so müssen sie sehr gut und dauerhaft ver=
zinnt, sind sie aus Eisen, so müssen sie emaillirt sein; ver=
wendet man Holzbottiche und Ständer, so sind dieselben sehr
rein zu erhalten. Eisen würde das Wachs roth, durch sich
bildenden Rost, Kupfer dasselbe grün durch entstehenden Grün=
span färben und dies ist beides, wenn ein schönes weißes
Product erzeugt werden soll, unbedingt zu vermeiden.

Die Größe der Keſſel zum Umſchmelzen des Wachſes
richten ſich nach dem Umfange des Betriebes, doch ſoll man
allzu große-Quantitäten Wachs nicht ſchmelzen, weil das
Schmelzen kleinerer Mengen leichter und raſcher vor ſich geht,
das Umrühren bequemer iſt und man auch ein Färben weniger
zu befürchten hat.

Behufs Umſchmelzung wird das in kleine Stücke ge=
ſchnittene Wachs in den Keſſel (Fig. 2), der mit Waſſer

Fig. 2.

Keſſel zum Umſchmelzen des Wachſes.

gefüllt iſt, geſchüttet, angefeuert und zum Schmelzen gebracht.
Beginnt das Schmelzen, ſo rührt man mit einem hölzernen
Rührſcheit gehörig um, ſo daß alles Wachs mit dem Waſſer
in Berührung kommt, und ſetzt dasſelbe ſo lange fort, bis
alles flüſſig geworden und innig gemiſcht iſt. Nun kann man
entweder das Wachs mit dem Waſſer in untergeſtellte Kufen
ablaſſen oder aber man unterhält noch eine oder zwei Stunden
unter dem Keſſel ein mäßiges Feuer, ſo daß das Waſſer eine
Temperatur von 70⁰ C. zeigt, überläßt die Maſſe ſich ſelbſt
und nimmt nach dem Erkalten den Wachskuchen ab. Auf dieſe

Weise bleibt das Material noch längere Zeit flüssig, die Unreinigkeiten gehen in der heißen, flüssigen Masse leichter und
rascher nieder und man erhält so schon beim ersten Umschmelzen
ein ziemlich reines Product. Ist es jedoch aus Rücksichten,
welche einen ungestörten Betrieb erheischen, nicht möglich, das
Wachs in dem Kessel zu belassen, so muß dasselbe in eine
unterstehende Kufe mit möglichst dicken Wänden abgelassen,
diese zugedeckt und überdies noch mit reinen Decken und
Tüchern umhüllt werden, damit die Abkühlung so langsam
als möglich vor sich gehe und die festen Körperchen Zeit und
Gelegenheit haben, sich abzuscheiden. Der gebildete Wachskuchen
wird dann abgenommen und dem Umschmelzen nochmals zugeführt. Das Wasser jedoch, mit welchem man das Wachs
behandelte, wird durch Leinwand filtrirt und es bleiben in
demselben die festen Verunreinigungen mit etwas anhängendem
Wachs zurück, welch' letzteres nun ebenfalls noch zu gewinnen
ist. Zu diesem Behufe werden die gesammelten Unreinigkeiten
mit Wasser gekocht, wobei sich die letzteren im Wasser sammeln
und zu Boden gehen, während man das aufschwimmende Wachs
mit einem Löffel abnimmt und in die Erstarrungsgefäße bringt.

Viele Fabriken arbeiten nicht mit reinem Wasser, sondern
sie nehmen Weinstein und Borax oder ersteren allein beim
Umschmelzen zu Hilfe, da sich bei der Anwendung dieser
Salze das Wachs rascher und leichter soll reinigen lassen. Man
nimmt auf

·50 Kilogramm Wasser:
40   »   Wachs
 1   »   Weinstein, raffinirt
¹/₂   »   Borax, läßt die beiden Salze in Wasser
auflösen und giebt dann das Wachs hinein. Im Uebrigen
verfährt man wie oben.

Dieser Procedur des Umschmelzens muß alles Wachs
unterzogen werden, um die Unreinigkeiten, sowie vielleicht noch
in demselben enthaltenen Honig auszuscheiden, und man kann
es dann erst, um es zu bleichen, weiter verarbeiten.

Jenes Wachs, welches als gereinigtes gelbes Wachs in
den Handel kommen soll und verschiedenen Zwecken dient,
wird in runde oder viereckige Formen gegossen und darin er=
kalten gelassen.

Das Bleichen des Wachses, ein Verfahren, welches schon
seit undenklichen Zeiten geübt wird, geschieht am besten und
einfachsten, aber allerdings nicht am schnellsten durch Ein=
wirkung des directen Sonnenlichtes, indem man dasselbe auf
Rahmen ins Freie bringt, dorten häufig mit frischem reinem
Wasser begießt und es so lange daselbst beläßt, bis es völlig
weiß geworden ist. Diese langwierige und kostspielige Procedur
— es sind nämlich große staubfreie Plätze nöthig — abzu=
kürzen, hat man sich schon vielfach bemüht; die neuere Chemie
bietet uns eine Fülle der kräftigsten Bleichmittel, man hat
dieselben auch schon mit bestem Erfolg praktisch angewendet,
aber nichtsdestoweniger kehren die meisten Wachsbleicher zu
der alten Methode zurück. Alle chemischen Mittel beeinflussen,
wenn sie nicht sorgfältig durch wiederholtes Waschen entfernt
werden, die Qualität des Wachses, machen es hart, spröde,
brüchig und namentlich das Chlor soll auch das Brennen und
die Leuchtkraft beeinflussen, so daß die künstliche und rasche
Bleichung, so sehr sie auch gewünscht werden muß, keine be=
sonderen Erfolge aufzuweisen hat.

Um das Wachs vermittelst des Sonnenlichtes bleichen
zu können, darf es nicht in Broten oder sonstigen Stücken
sein, sondern es muß in einer dünnen Schichte, in einer Art
feinen Vertheilung der Einwirkung desselben ausgesetzt werden,

und nennt man diese Verfeinerung Bändern oder Körnen des
Wachses.

In diesem Zustande bringt man es auf die zum Bleichen
bestimmten Rahmen, das sind Holzrahmen mit engmaschigen
Netzen oder grober Leinwand bespannt, welche ihrerseits wieder
auf im Boden befestigte Holzpflöcke gebracht oder auf den
Rasen niedergestellt werden. Das Wachs selbst muß auf den
Bleichrahmen in möglichst gleichmäßiger Schichte ausgebreitet
und mehreremale des Tages mittelst einer Gießkanne mit fein=
löcheriger Rose begossen werden. So bleibt das Wachs, je nach
dem Wetter und der Einwirkung der Sonne, 10 bis 20 Tage
liegen, wird hierauf gewendet, abermals liegen gelassen, neuer=
lich gewendet und dies Verfahren so lange fortgesetzt, bis die
Bleichung vollendet.

Das »Körnen« des Wachses geschieht in der Weise, daß
man einen oder mehrere sehr dünne Strahlen flüssigen Wachses
in kaltes Wasser laufen läßt, welches sich in fortgesetzter
häufiger Bewegung befindet; die Körnchen haben die Form
kleiner hohler runder Käppchen und lassen sich recht leicht
herstellen, wenn man nur einige Uebung erst darin hat. Das
Bändern, bei welchem das Wachs in Gestalt von zusammen=
hängenden dickeren oder dünneren bandartigen Streifen gebracht
wird, geschieht mit einer eigens construirten Vorrichtung, der
sogenannten Bändermaschine. Diese Bändermaschine besteht aus
einem eisernen, innen emaillirten Troge, welcher 16—18 Cm.
hoch, oben 27—30 Cm., unten aber nur 3 Cm. breit und
35—40 Cm. lang ist; der untere Boden ist siebartig durch=
löchert und ober demselben befindet sich noch ein engmaschiges
Drahtsieb, um ein Verstopfen des unteren Siebes hintanzu=
halten. Der Trog selbst ruht auf Böcken aus starkem ·Eisen,
welche über die Walze gestellt werden. Diese Walze, inwendig

hohl, ist 35—40 Cm. lang, hat 20—25 Cm. Durchmesser und liegt auf einer mit frischem Wasser gefüllten Kufe auf; ihre Achse ist mit einer Kurbel versehen und drehbar.

Oeffnet man nun den Hahn des Kessels, in welchem das Wachs geschmolzen wurde, so gelangt das flüssige Wachs in den untergestellten Trog, passirt das Drahtsieb, in welchem

Fig. 3.

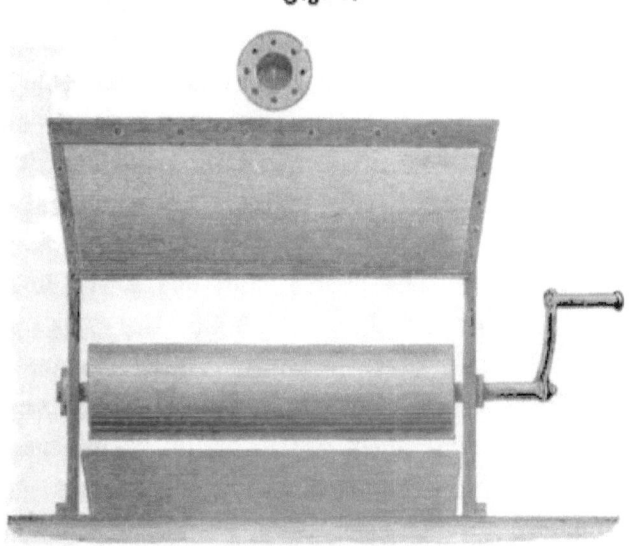

Bändermaschine.

etwaige Unreinigkeiten zurückgehalten werden, und gelangt durch den siebartig durchlöcherten Boden des Troges auf die unterstehende Walze, welche beständig gedreht wird. Fällt das Wachs auf die kalte Walze, so plattet es sich ab, der Wachs= strahl erstarrt und erscheint als ein schmales Bändchen, welcher durch fortwährend zufließendes Wasser so weit abgekühlt wird, daß es weder an der Walze anklebt, noch auch sich durch Be= rührung mit anderen, ebenfalls aus dem Troge gekommenen

Bändern vereinigen kann. Diese dünnen Streifen nun bleichen
sich um so besser, je dünner sie sind, also je sorgfältiger das
Bändern vorgenommen wurde. Auch beim Bändern kann man
die Qualität des Wachses beurtheilen, da nur reines Wachs
sich leicht und schön bändert, seine Geschmeidigkeit beibehält,
während verfälschtes Wachs in Folge der raschen Abkühlung
krümmelig und bröckelig wird.

Das Bändern des Wachses läßt sich umgehen, wenn
man dasselbe mittelst einer eigenen Vorrichtung in feine Späne
schneidet, welche hier die Stelle der Bänder vertreten.

Auch mittelst Handarbeit lassen sich diese Späne er=
zeugen, aber sie werden zu unregelmäßig und der Aufwand
an Zeit ist ein zu bedeutender, in Folge dessen auch die Mani=
pulation zu theuer. Man bedient sich daher vortheilhaft einer
Wachshobelmaschine. Das Wachs muß hierzu in Blöcke von
40 Cm. Länge, 30 Cm. Breite und 25 Cm. Höhe gegossen
werden, welche genau in den Kasten der kleinen Maschine passen.
Dreißig senkrecht stehende Messerchen durchschneiden den Block
seiner Höhe nach, während ein 30 Cm. breites Messer das Wachs
in beliebig dicke Blätter schneidet. Die Vorrichtung gestattet
ein vollkommen gleichmäßiges Schneiden der Wachsspäne, sie
sind gleichmäßig dick und während die Dicke der durch Bändern
erzeugten Späne von der Geschicklichkeit des Arbeiters abhängt,
kommt letztere bei der Hobelmaschine gar nicht mehr in Betracht.

Die Bleichung durch das Sonnenlicht kann man durch
Zusatz von 5—10% rectificirten Terpentinöles beschleunigen.
Es ist eine schon längst bekannte Thatsache, daß das Ter=
pentinöl an der Luft begierig den Sauerstoff an sich zieht
und durch Bildung von Ozon bleichende Eigenschaften in
hohem Grade erlangt. Xav. Schmidt macht im »Jahrbuche
für praktische Pharmacie« seine diesbezüglichen Versuche be=

kannt. Sowohl in der Wärme, als in der Kälte, im Sonnenlichte, wie im Schatten, bei Luftzutritt und bei Luftabschluß (?)
vermag ein geringer Zusatz von Terpentinöl das Bleichen des
Wachses zu beschleunigen; doch wird der Proceß in der Wärme,
durch Einwirkung des Sonnenlichtes und einen größeren Ter-
pentinölzusatz beschleunigt. Das Bleichen gelang bei den Ver-
suchen am besten, wenn man auf 8 Theile gereinigten Wachses
1½—2 Theile Terpentinöl nahm und Wärme so weit an-
wendete, daß das Terpentinöl verdampfte. Die Bleichung war
schon in 6—8 Tagen vollendet. Die Erwärmung darf nicht
zu weit gehen, da sich das Wachs sonst braun färbt. Nach
jedesmaligem Umschmelzen scheidet sich eine pulverförmige feine
schwarze Substanz aus, welche das Wachs verunreinigen und
seine Weiße beeinträchtigen würde. Um diesen Satz zu entfernen,
muß man das Wachs nach dem Schmelzen durch ein feines
Leinenzeug coliren. Xav. Schmidt schmolz dann 8 Theile
Wachs und 1 Theil Terpentinöl zusammen, erwärmte so lange,
bis ein Theil des Terpentinöles verdampfte, goß das Wachs
in eine Tafel aus und überließ es, unter Ausschluß directen
Sonnenlichtes, sich selbst. Nach drei Wochen zeigte sich eine
nur sehr unbedeutende Veränderung; er schmolz das Wachs
nochmals um und schon nach 14 Tagen war ein merkliches
Bleichen bemerkbar; im directen Sonnenlichte zeigte sich hingegen schon nach acht Tagen eine merkliche Veränderung und
umgeschmolzen war dasselbe in drei Wochen vollständig gebleicht. Bei 1½ Theil Terpentinöl ging das Bleichen rascher
von statten, ebenso, wenn man während des Schmelzens das
verdampfende Terpentinöl ersetzte.

Bringt man, behufs praktischer Durchführung, das mit
Terpentinöl versetzte Wachs mittelst der Hobelmaschine in
feine Späne und setzt es in der üblichen Weise der Einwirkung

des Sonnenlichtes aus, so vollzieht sich die Bleichung in der
Hälfte der Zeit, wie sonst. Benetzt man aber statt mit ge=
wöhnlichem Wasser das Wachs mit einer Mischung von Ter=
pentinöl und Wasser, so sind die Resultate wahrhaft erstaun=
liche. Zur Bereitung des Gemisches werden 100 Th. Wasser
mit 2 Th. rectificirtem Terpentinöl durch acht Tage täglich
mehreremale mit einander geschüttelt und nach Ablauf dieser
Zeit das Wasser abgezogen; das Wasser riecht stark nach
Terpentinöl, das verbleibende Terpentinöl kann zu wieder=
holtenmalen mit frischem Wasser behandelt und das fehlende
durch anderes ersetzt werden. Es ist unbedingt nöthig, nur
bestes, rectificirtes Terpentinöl zu verwenden, da sich dieses
binnen kürzester Zeit und ohne jeden üblen Geruch zu hinter=
lassen verflüchtigt, ein Umstand, der wohl zu berücksichtigen
ist, da ja das Wachs Terpentinöl nicht enthalten darf.

Die künstliche Bleichung geschieht meistens mittelst Chlor
oder einiger anderer bleichender Agentien und zwar in der
Weise, daß man das Wachs, wie vorerwähnt, körnt, bändert
oder in Späne bringt und in die Bleichflüssigkeit einlegt,
oder indem man das Wachs mit den bleichenden Mitteln
unter Wärmeanwendung (meistens Dampf), also flüssig, zu=
sammenbringt.

Bei ersterem Verfahren bereitet man eine Bleichlauge
aus 2 Th. Chlorkalk und 15 Th. Wasser, filtirt dieselbe
ab und bringt sie in einem hölzernen Bottiche mit dem Wachse
zusammen. Man rechnet auf 20 Kilogr. Wachs 2$\frac{1}{2}$ Kilogr.
Bleichlauge, säuert die Lauge mit Schwefelsäure schwach an,
so daß die Chlorentwickelung rasch vor sich geht, rührt häufig
um und überläßt das Ganze, mit einem Deckel verschlossen,
der Ruhe. Nach 24 Stunden läßt man die Bleichflüssigkeit
ab, bringt das Wachs in einen Leinwandsack und wäscht es

in fließendem Wasser so lange aus, bis jede Spur von Chlor verschwunden ist. Nunmehr schmilzt man es nochmals um, bringt es wieder in die feine Vertheilung, bleicht aufs Neue und wäscht wieder sehr gut aus.

Das Bleichen mit schwefeliger Säure geschieht in gleicher Weise, indem man frisch in Wasser geleitete schwefelige Säure in einem Bottiche mit dem Wachse in Berührung bringt, umrührt, der Ruhe überläßt und endlich auswäscht.

Eines der kräftigsten und wirksamsten, dabei aber voll= kommen unschädlichen Bleichmittel ist das Wasserstoffsuperoxyd.

Wasserstoffsuperoxyd bleicht entfettete schwarze Haare, Federn u. dgl. in wenigen Minuten und kann auch vortheil= haft zum Bleichen des Wachses angewendet werden. Behandelt man das Wachs ungefähr eine halbe Stunde in dem von Wasser aufgenommenen Superoxyd, bringt dasselbe dann auf die Bleichrahmen und begießt es häufig mit Wasserstoffsuper= oxyd unter Einwirkung des Sonnenlichtes, so erscheint dasselbe schon in wenigen Tagen völlig gebleicht, ohne daß man kostspieliges Waschen nöthig hat.

Bei dem zweiten Bleichverfahren wird das Wachs ge= schmolzen, mit kochendem Wasser zusammengebracht, welchem kurz vorher etwas Chlornatrium (Kochsalz) oder Chlorbitter= erde (auf 1 Liter Wasser 20 Gramm Salz) zugesetzt worden und das Ganze unter Zusatz von Schwefelsäure so lange um= gerührt, bis die Bleichflüssigkeit halb erkaltet, aller Chlor= geruch geschwunden und das Wachs vollkommen entfärbt erscheint. Sollte es noch nicht vollkommen weiß gebleicht er= scheinen, so wiederholt man die Operation noch einmal. Nach dem Bleichen wird das Wachs, um auch die letzten Spuren von Chlor zu beseitigen, nochmals fünf Minuten lang mit Wasser gekocht, abgenommen, getrocknet, geschmolzen und in

beliebige Formen gegossen. Durch dieses Verfahren wird das
Wachs nicht nur schön weiß gebleicht, sondern es verliert
dabei auch nichts von den natürlichen Eigenschaften, welche
das weiße Wachs auszeichnen und erscheint daher in allen
seinen Eigenschaften dem durch Einwirkung von Licht und Luft
gebleichten ganz gleich.

Nach einem anderen Bleichverfahren verfährt man wie
folgt: Man bringt das zerstückte Wachs in einen Schmelz=
kessel, fügt zu je 25 Kilogr. Wachs die zehnfache Menge
schwefelsäurehaltiges Wasser hinzu und leitet nun Dampf in
den doppelwandigen Kessel. Ist alles Wachs hinreichend flüssig
geworden, so setzt man eine filtrirte Chlorkalklösung so lange
hinzu, bis eine herausgenommene Probe erstarrt vollkommen
gebleicht erscheint. Das sich auf der Oberfläche ansammelnde
gebleichte Wachs wird abgenommen, abermals in schwefel=
saures Wasser gebracht, umgeschmolzen, abgeschöpft und in
reinem Wasser so lange ausgewaschen, bis alles Chlor ent=
fernt ist. Dann bändert oder körnt man das Wachs und setzt
es, behufs Erzielung völliger Weiße, auf Bleichrahmen der
Sonne aus.

Auch mittelst der Javelle'schen Lauge läßt sich das
Wachs bleichen und zwar in der Weise, daß man das flüssige
Wachs mit der heißen Lauge so lange behandelt, bis es ent=
färbt ist und hierauf sorgfältig mit fließendem Wasser aus=
wäscht. Es muß dann mehreremale mit kochendem Wasser
behandelt, hierauf gebändert oder gekörnt und schließlich auf
die Bleiche gebracht werden. Die Javelle'sche Lauge ist
überall käuflich zu haben und wird bereitet, wenn man
eine filtrirte Lösung von 1 Theil Chlorkalk in 12 Th.
Wasser mit einer Auflösung von 1 Th. kohlensaurem Kali
(Potasche) in 4 Th. Wasser versetzt; die nach dem Absetzen

resultirende Flüssigkeit wird von dem Niederschlage abgegossen, filtrirt und kann dann gebraucht werden. Auf je 25 Kilogr. zu bleichenden Wachses werden 250 Kilogr. Javelle'sche Lauge genommen.

Von Bleichmethoden mit anderen chemischen Bleichmitteln sind noch folgende bekannt geworden:

In einem entsprechend großen Gefäße schmilzt man 5 Kilogr. gelbes Wachs, setzt 600 Gramm salpetersaures Natron (Salpeter) und dann 300 Gramm verdünnte Schwefelsäure (1 Th. concentrirte englische Schwefelsäure und 8 Th. Wasser) tropfenweise unter beständigem Umrühren hinzu. Sobald alle Schwefelsäure zugesetzt ist, läßt man auf ungefähr 30—34° C. erkalten, füllt kochendes weiches Wasser auf und überläßt nunmehr das Ganze der Ruhe. Die sich an der Oberfläche sammelnde Wachsschichte wird abgenommen und wiederholt in kochendem Wasser ausgewaschen.

Das Bleichen mit unterchlorigsaurer Thonerde nimmt man vor, indem man das wiederholt ausgekochte und ge= bänderte Wachs in ein Bad von unterchlorigsaurer Thonerde bringt, es nach 24stündigem Verweilen herausnimmt, auf einem Bleichrahmen ausbreitet und nunmehr der Einwirkung des Sonnenlichtes aussetzt. Während dieser Einwirkung muß es häufig mit Wasser begossen werden und wiederholt man das Einweichen in die Bleichflüssigkeit so lange, bis ein vollkommen weißes Product erzielt ist. Zur Herstellung der Bleichflüssigkeit wird eine gesättigte Chlorkalklösung mit einer Lösung von 1 Th. schwefelsaurer Thonerde in 2 Th. Wasser versetzt, die in Lösung befindliche unterchlorigsaure Thonerde von dem niedergeschlagenen Gyps durch Decantiren getrennt und verwendet.

Das doppeltchromsaure Kali hat sich ebenfalls als kräftiges Bleichmittel erwiesen. Das Wachs wird in einem entsprechen= den Gefäße mittelst Dampf geschmolzen und als bleichendes Mittel ein Gemisch von doppeltchromsaurem (rothem) Kali und Schwefelsäure angewendet. Die Mischung wird eine Stunde lang im Kochen erhalten, das gebleichte Wachs setzt sich auf die Oberfläche der Flüssigkeit, kann dann abgenommen, wiederholt gewaschen und bei niederer Temperatur ausge= schmolzen werden. Auf 100 Kilogr. Wachs gebraucht man 12—15 Kilogr. doppeltchromsaures Kali und 48 Kilogr. Schwefelsäure. Wenn das Wachs als grüne Schichte auf der dunklen Flüssigkeit schwimmt, ist der Proceß beendet. Das abgenommene erkaltete Wachs wird mit verdünnter Schwefel= säure so lange erwärmt, bis das Chromoxyd gelöst ist und das Wachs völlig weiß erscheint.

Es muß nochmals erwähnt werden, daß alles mit chemischen Mitteln gebleichte Wachs sehr sorgfältig und rein aus= gewaschen werden muß, so daß in demselben auch nicht die ge= ringsten Spuren der angewendeten Bleichmittel nachzuweisen sind; diese würden schädlich auf alle oder doch die meisten Wachserzeugnisse einwirken.

Nach dem Bleichen bringt man das Wachs in trockene Räume, in welchen es, auf Haufen geschüttet, etwa 8—14 Tage liegen bleibt, und schmilzt es dann vorsichtig zusammen, damit es sich nicht färbt. Das flüssige Wachs wird dann in blecherne scheibenförmige Gefäße gegossen, in welchen es erstarrt und die bekannten, einige Millimeter dicken runden Scheiben bildet.

Das Färben des Wachses.

Das Färben des Wachses kann auf zweierlei Art ge=
schehen, indem man entweder das Wachs seiner ganzen Masse
nach färbt, also die Farbe dem schmelzenden Wachse beimischt,
so daß das zu fertigende Object gleichmäßig eine Farbe zeigt,
oder aber man überzieht dasselbe, aus weißem Wachse ge=
fertigt, nur mit einer farbigen Wachsschichte, indem man den
Gegenstand in gefärbtes schmelzendes Wachs taucht; in diesem
Falle ist der Kern weiß und über demselben ein farbiger
Ueberzug.

Was die Auswahl der Farben anbelangt, so sollen
principiell alle giftigen Farben vermieden werden, da die=
selben, mit der heißen Flamme einer Kerze in Berührung
kommend, sich zersetzen und auch auf andere Gegenstände,
z. B. Kinderspielwaaren u. dgl. angewendet, zum mindesten
nicht der Gesundheit förderlich sind. So liefern z. B. mit
Zinnober gefärbte Wachskerzen beim Verbrennen Quecksilber=
dämpfe, mit Bleiweiß gefärbte Bleidämpfe, ja es werden von
einzelnen Seiten sogar Grünspan, arsenikhältige Farben ge=
braucht, welche Dämpfe von arseniger Säure entwickeln. Freilich
ist es schwer, andere geeignete Farben zu gebrauchen, da gerade
die giftigen Farben das meiste Feuer und die prächtigsten
Töne haben, aber sie müssen im Interesse der Gesundheit der
Consumenten vermieden werden. Unter die nicht schädlichen
Färbemittel sind zu zählen: Curcumae, Safran, Gelbholz,
Quercitron für Gelb; Alkannawurzel, Krapp, Drachenblut
für Roth; Indigo=Carmin für Blau; Indigo=Carmin und Cur=
cumae für Grün; Alkannawurzel und Indigo=Carmin für Vio=

lett, und noch mehrere andere. Unbedingt gesundheitsschädlich
sind: Zinnober, Mennige, Chromroth, Chromgelb, Königs=
gelb, Zinkgelb, Schweinfurtergrün, Chromgrün, sowie über=
haupt im Allgemeinen alle Quecksilber=, Kupfer=, Blei= und
Arsen=Farben.

Die vorstehend angeführten unschädlichen Farben dürften
indessen in den meisten Fällen genügen, um alle Nuancen
durch entsprechende Mischung herzustellen. So kann man durch
Zusatz von Alkannawurzel zu Curcumae alle Farbenabstufungen
von Hellgelb bis zum dunkelsten Orange darstellen. Ein Zusatz
von Indigo=Carmin zu Curcumae ruft eine lebhafte grüne
Färbung hervor, welche durch mehr oder weniger Vorherrschen
des einen oder des anderen Färbemittels beliebig gelblich oder
bläulich nuancirt werden kann.

Gelbe Färbung: Man kocht im Wasserbade 2 Kilogr.
weißes Wachs mit 150 Gramm pulverisirter Curcumaewurzel
eine halbe Stunde lang und colirt durch Leinwand. Oder:
2 Kilogr. weißes Wachs mit 100 Gr. Safran. Oder:
2 Kilogr. weißes Wachs mit 180 Gr. Quercitron.

Rothe Färbung: Man verfährt in gleicher Weise mit
2 Kilogr. weißem Wachs mit 200 Gr. Alkannawurzel. Oder:
2 Kilogr. weißem Wachs mit 200 Gr. Safflor. Oder: 2 Kilogr.
weißem Wachs mit 130 Gr. pulverisirtem Drachenblut.

Blaue Färbung: Verfahren wie oben; 3 Kilogr.
weißes Wachs mit 180 Gr. Indigo=Carmin.

Grüne Färbung: Ganz wie oben; 3 Kilogr. weißes
Wachs mit 90 Gr. Indigo=Carmin und 120 Gr. Curcumae=
wurzel.

Violette Färbung: 2 Kilogr. weißes Wachs mit
70 Gr. Safflor und 35 Gr. Indigo=Carmin.

Braune Färbung: Man schmilzt 3 Kilogr. weißes (auch gelbes) Wachs und trägt in dasselbe eine Lösung von 50 Gr. Caßlerbraun, 25 Gr. Potasche in 150 Gr. Wasser ein; das Sieden muß nach dem Hinzufügen des Färbemittels so lange fortgesetzt werden, bis alles Wasser wieder verdampft ist.

Schwarze Färbung: Es werden 3 Kilogr. gelbes Wachs geschmolzen und sodann unter beständigem Umrühren 120 Gr. feinster Lampenruß zugesetzt.

Wenn es sich um ganz billige gefärbte Wachserzeugnisse handelt, können auch Erdfarben und zwar Ocker, Satinober, Umbraun, Engelroth, Rebenschwarz, Terra di Siena, grüne Erde u. s. w. verwendet werden; man macht das Wachs flüssig, setzt die trockenen, feinst pulverisirten Farben unter beständigem Umrühren zu, nimmt das Gefäß vom Feuer und rührt so lange, bis die Masse zu erstarren beginnt.

Ganz vortrefflich eignen sich zum Färben des Wachses die Anilinfarben, welche außerordentlich schöne Farbentöne liefern. So lange man solche nur spiritus= oder wasserlöslich kannte, war ihre Anwendung etwas complicirt, da man sie in einer dieser Flüssigkeiten auflösen, dem schmelzenden Wachse zusetzen und das Ganze so lange rühren und flüssig lassen mußte, bis alles Wasser oder Spiritus verdampft war. Man hat jetzt in Fett lösliche Anilinfarben, von welchen ein minimales Quantum vom schmelzenden Wachse beigefügt, genügt, um die schönsten und feurigsten Farbentöne zu erzielen.

Die Fabrikation der Wachskerzen.

Die Herstellung von Kerzen aller Art aus Wachs kann auf vier verschiedene Arten vorgenommen werden:

1. Durch das »Ziehen«, auch »Tunken«,
2. durch das »Antragen«,
3. durch das »Angießen« und
4. durch das »Gießen in Formen«.

Die älteste Art ist das Ziehen und rührt hiervon auch der in vielen Gegenden gebräuchliche Name »Wachszieher« für den Wachswaarenerzeuger her. Für alle Arten Kerzen sollte jederzeit nur das reinste Bienenwachs genommen werden, da dieses sich am leichtesten verarbeiten läßt, die Fabrikate das schönste Aussehen erhalten und auch am schönsten und hellsten, ohne Verbreitung eines unangenehmen Geruches, brennen. Häufig sind indessen Rücksichten maßgebend, welche die Anwendung reinen Bienenwachses nicht gestatten und den Fabrikanten zwingen, zu Surrogaten, namentlich aber zu dem verhältnißmäßig billigen Mineralwachs, dem Ceresin, zu greifen. Auch Talg wird häufig mit zur Erzeugung verwendet. Die Uebelstände, welche diese minderwerthigen Materialien mit sich bringen, sind: niedriger Schmelzpunkt und in Folge dessen leichtes Abrinnen, und schlechtes Brennen neben üblem Geruch, Eigenschaften, welche für den Consumenten gerade nicht angenehm sind.

Der eigentlichen Herstellungsweise der Kerzen muß die Präparation des Dochtes vorangehen. Der Docht ist für das Brennen jedweder Kerze, aus welchem Material immer sie gefertigt sein mag, von außerordentlicher Wichtigkeit und hat

sich das Augenmerk jedes Fabrikanten in erster Linie auf den
Docht zu concentriren. Je nach der Art der Kerzen sind auch
die Dochte aus verschiedenem Material gefertigt; kurze und
leichte Kerzen bedürfen eines schwächeren Dochtes — ebenso
auch Kerzen, welche durch Gießen in Formen hergestellt werden,
während jene Sorten, welche durch Angießen und Antragen
verfertigt werden, Dochte aus widerstandsfähigerem Materiale
bedürfen, weil diese die ganze Schwere der Kerze, so lange
sich solche in der Fabrikation befindet, zu tragen haben.
Zu jenen Kerzen, welche gegossen werden, ferner für Wachs=
stöcke und leichtere gezogene Kerzen verwendet man aus=
schließlich Baumwollgarndochte, für alle anderen hingegen
Flachs= und Hanfgarndochte. Die Dochte aus allen drei
Materialien müssen sehr sorgfältig hergestellt werden, die
einzelnen Fäden müssen absolut gleichmäßig stark und ohne
Knoten sein, und leicht und ohne Rückstände verbrennen, um
das lästige und unangenehme Putzen mit der Hand oder der
Lichtputzscheere zu vermeiden. Dieses Verbrennen wird nun
allerdings auch dadurch gefördert, daß man die fertigen, ge=
drehten oder geflochtenen Dochte mit gewissen Substanzen
imprägnirt, aber nichtsdestoweniger muß das Garn schon von
Haus ein solches sein, welches auch ohne diese Imprägnirung
sich gleichmäßig und ohne zu kohlen verzehren würde. Zu den
Mitteln, mit welchen die Dochte behandelt werden, gehören
die Phosphorsäure, das Chlorkalium, der Salpeter und das
Chlorammonium und zwar verwendet man entweder nur
eines oder mehrere derselben zusammen in Lösung. Auch dürfen
die Dochte weder zu stark noch zu schwach sein und müssen
in einem gewissen Verhältnisse zu dem Umfange der Kerze
stehen, da sie in dem einen oder dem anderen Falle zu viel
oder zu wenig Wachs consumiren und in Folge dessen zu

rasch oder zu langsam oder mit nicht genügend heller Flamme
brennen, auch rauchen und riechen würden. Die Rolle, welche
dem Dochte bei der Verbrennung überhaupt zufällt, ist eine
außerordentlich einfache und wohl überall bekannt; wenn ich
sie hier trotzdem erwähne, so geschieht es nur, um damit zu
beweisen, daß diese Rolle eine außerordentlich wichtige ist. Es
ist uns Allen bekannt, daß man Fette, so leicht und schnell
sie brennen, wenn sie einmal einen gewissen Wärmegrad er=
reicht haben, mit einem Zündhölzchen allein nicht anzuzünden
vermag; stecken wir aber in das Fett eine vegetabilische Faser,
welche fähig ist, Fett aufzusaugen, also porös ist, so können
wir erst diese Faser anzünden und die beim Brennen dieser
Faser sich entwickelnde Faser genügt, um die in nächster Nähe
liegenden Fetttheilchen nach und nach zu erwärmen und auf
die Verbrennungstemperatur zu bringen. Ganz den gleichen
Vorgang beobachten wir bei jeder Kerze! Hier ist der Docht
die vegetabilische Faser, welche wir anzünden — die der
brennenden Faser zunächstliegenden Fetttheilchen erhitzen sich,
werden flüssig, dringen in die Faser und werden auf diese
Weise der Flamme zugeführt und nähren dieselbe. Ist nun
diese in der Kerze befindliche Faser sehr dick, die Dicke der
Fettschichte hingegen eine geringe, so wird sich viel Wärme
entwickeln, viel Fett aufgesaugt werden und die Kerze verzehrt
sich demgemäß sehr rasch; ist hingegen die Faser sehr schwach,
vielleicht nur aus einigen Fäden bestehend, die Fettschicht hin=
gegen sehr dick, so wird die Wärme kaum hinreichen, die zu
allernächst liegenden Fetttheilchen so weit zu erhitzen, daß sie
flüssig und aufgesaugt werden und zur Nährung der Flamme
dienen können. Die Folge ist ein sehr schlechtes Brennen mit
schwacher Flamme, — die praktische Anwendung dieses Um=
standes sehen wir bei den Nachtlichtern, welche kurz und dick,

mit einem sehr dünnen Dochte versehen sind. Die Dicke des Dochtes richtet sich auch darnach, ob man Kerzen aus reinem Wachse oder solche mit Talg versetzt erzeugen will; Talg bedarf eines dickeren Dochtes als Wachs und hat man auf diese Eigenschaft Rücksicht zu nehmen. Die Dochte sind entweder gedreht — es hängen also die einzelnen Fäden nur lose zusammen

Fig. 4.

Gedrehter Docht.

sammen — oder sie sind zopfartig geflochten, in welch letzterem Falle die einzelnen Fäden dichter aneinander schließen und gewissermaßen Knöpfe oder Knoten bilden. Die Knoten nun

Fig. 5.

Geflochtener Docht.

hindern das rasche und directe Aufsaugen des flüssigen Wachses, auch kräuseln sich die einzelnen Fäden, wenn durch die Verkohlung der Zusammenhang gelockert wird, beeinflußen die Leuchtkraft und befördern die Rußbildung, welche absolut vermieden werden muß. Dagegen sind die einfach gedrehten Dochte der Capillarität in keiner Weise hinderlich und auch ein Kräuseln des Dochtes kann nicht vorkommen.

In den meisten Fällen fertigt sich der Wachskerzenfabrikant seine Dochte, welche er verwendet, selbst und beginnt man diese Arbeit damit, daß man das zu verwendende Garn, seien es nun baumwollene, Hanf- oder Flachsfäden, auf Knäuel windet und dafür sorgt, daß die einzelnen Fäden nicht unter-

einander gerathen. Je nach der Dicke des zu fertigenden
Dochtes werden nunmehr die bestimmte Anzahl Knäuel, näm=
lich so viele, als der Docht Fäden erhalten soll, auf eiserne
feststehende Spindeln aufgesteckt und die Enden aller Fäden
über eine auf einem Tische befestigte hölzerne Rolle, welche
überdies noch mit einem feststehenden Gehäuse versehen ist,
um das Abgleiten der Fäden zu verhindern, geleitet.

Der Arbeiter nimmt nunmehr die Enden aller Fäden
in beide Hände und beginnt sie von den Spulen abzuziehen
und gleichzeitig zu drehen, so daß sie die gewünschte Form
annehmen. Gewöhnlich schneidet man die Dochte gleich bei
der Erzeugung in die entsprechenden Längen; die Dochte für
Wachsdraht — Wachsstöcke — hingegen werden auf Spulen
aufgerollt und diese Spulen dann gleich zum Ziehen ver=
wendet. — Ein gleiches Vorgehen beobachtet man bei den
Dochten, welche für Nachtlichter bestimmt sind.

Das Flechten der Dochte geschieht in der Weise, daß
man die entsprechende Anzahl, meist 3 oder 4 stärkere Fäden
oder schwache, schön gedrehte Dochte nimmt und dieselben auf
die bekannte Art in Zopfform flechtet und dann in die er=
forderlichen Längen schneidet. Hat man eine Anzahl Dochte
beisammen, so werden dieselben, nachdem sie vorher noch scharf
ausgetrocknet wurden, in der schon früher erwähnten Weise im=
prägnirt, indem man sie in nachstehende Lösungen eintaucht:

a) Es werden in 12 Kilogr. destillirtem oder Brunnen=
wasser 70 Gr. Phosphorsäure gelöst und die Dochte 10 Mi=
nuten lang darin belassen, dann herausgenommen, abtropfen
gelassen und getrocknet.

b) In 5 Kilogr. destillirtem oder Brunnenwasser löst man
70 Gr. Chlorkalium und 90 Gr. Salpeter und verfährt damit
wie oben.

c) Man löst in 6 Kilogr. destillirtem oder Brunnen=
wasser 75 Gr. Salpeter, 100 Gr. Chlorammonium, kocht die
Lösung und taucht die Dochte 15 Minuten ein, worauf sie
herausgenommen, abtropfen gelassen und getrocknet werden.
Sind die Dochte in dieser Weise wieder getrocknet, so kommen sie
in einen Kasten aus Eisenblech, welcher mittelst Spirituslampen
oder auch durch Holz= oder Kohlenfeuer geheizt wird, werden
darin aufgehängt und bei einer Temperatur von 40—45° C.
scharf ausgetrocknet, damit sie die nunmehr nöthige Tränkung mit
Wachs und Unschlitt leichter aufsaugen und vollständig damit
getränkt werden. Die Dochte werden an den Schlingen einzeln
angefaßt, in ein schmelzendes Gemenge von 1½ Theil ge=
reinigtem Talg und 3¾ Theilen Wachs eingetaucht, heraus=
genommen und durch ein gelochtes Blech gezogen, um das
überflüssig anhängende Wachs abzustreifen. Auch kann man
einen mit gelochtem Eisenblech versehenen Rahmen ver=
wenden, in welchen die Dochte eingezogen, oben mit Quer=
hölzern an den Schlingen befestigt und dann eingetaucht
werden; nach dem Eintauchen zieht man die Dochte einfach
durch und sie erscheinen von allem überflüssigen Wachse befreit.
Auf diese Weise ist es möglich, eine größere Anzahl Dochte
auf einmal zu tränken und bei Vorhandensein einer ge=
nügenden Anzahl solcher Rahmen die Arbeit sehr zu fördern.

Das Tränken der aufgerollten Dochte geschieht in gleicher
Weise, nur läßt man denselben, so wie er das Wachs ver=
läßt, durch ein mit einem Loche versehenes Blech laufen, um
das Wachs abzustreifen und wickelt dann sofort wieder auf.

Die Herstellung der gezogenen Kerzen.

Diese Art ist, wie ich schon Eingangs dieses Abschnittes
erwähnt habe, die älteste Methode und hatte namentlich zu

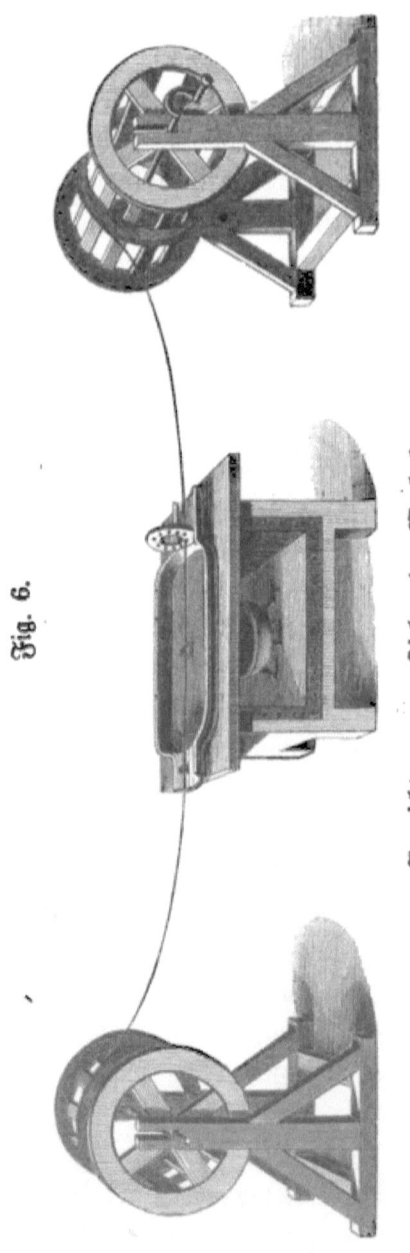

Fig. 6.

Vorrichtung zum Ziehen der Wachsskerzen.

jener Zeit, als noch
Stearin und Paraffin als
Material für Kerzen un=
bekannt war, eine viel
größere Ausbreitung als
jetzt, aber sie bot auch
viel mehr Schwierigkeiten
als jetzt, da man damals
noch mit Dochten arbeiten
mußte, welche, mit der
Hand gesponnen, viele Un=
regelmäßigkeiten aufwie=
sen. Das Ziehen der
Wachsstöcke — es werden
meist nur diese gezogen
— geschieht mittelst
einer eigenen Vorrichtung,
deren Construction schon
sehr alt ist und welche
in Fig. 6 abgebildet er=
scheint.

Dieselbe besteht aus
zwei Trommeln, welche
sich vermittelst einer Achse
auf einem soliden eisernen
Gestelle bewegen und deren
jede durch eine Kurbel in
Bewegung gesetzt wird.
Zwischen den Trommeln
und gleichweit von jeder
entfernt ist der Werkstuhl

angebracht, welcher sich in seiner Form einem Tische an=
paßt. Auf diesem Werkstuhl befindet sich eine Wanne aus
verzinntem Kupfer oder emaillirtem Eisenblech mit einer
Vertiefung, in welcher das Wachs schmelzend erhalten wird.
In der Mitte dieser Vertiefung ist ein Oehr angebracht, durch
welches der Docht fortdauernd gleitet und das Wachs selbst
wird durch eine mit glühenden Holzkohlen beschickte Kohlen=
pfanne stets genügend flüssig erhalten. Bei Beginn der Arbeit
wird ein kurzes Stück des Dochtes
mit Wachs getränkt, zugespitzt,
durch das Oehr gezogen und dann
in das Loch des Zugeisens ge=
steckt, von welchem aus der Wachs=
draht auf die andere Trommel
aufgelegt wird. Das Zieheisen ist
rund, mit Löchern versehen, welche
einen stets wachsenden Durchmesser
haben, sehr sorgfältig gebohrt
und gut polirt sind; die Differenz
des Durchmessers der Löcher darf
nicht groß sein — an einer Seite

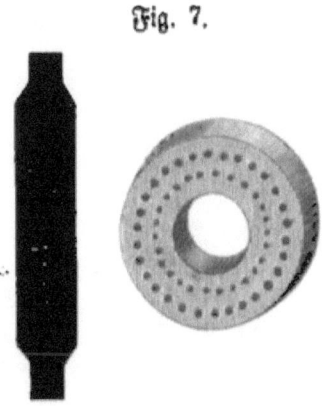

Fig. 7.

Zieheisen.

des Eisens sind dieselben schalenartig erweitert und mit
Nummern versehen.

Daß man auch Zieheisen von anderer Form als der
runden verwenden kann, ist selbstverständlich, doch haben sich
die runden als am praktischsten erwiesen.

Ist auf die angegebene Art der ganze Docht durch das
schmelzende Wachs und das kleinste Loch des Zieheisens ge=
führt, auf der Trommel erstarrt und aufgewunden, so steckt
man das Zieheisen auf die andere Seite der Wanne und be=
ginnt in gleicher Weise den schon einmal mit Wachs über=

zogenen Docht durch die Wanne auf die schon abgewickelte Trommel aufzuwickeln.   So fährt man wechselseitig fort, bis

Fig. 8.

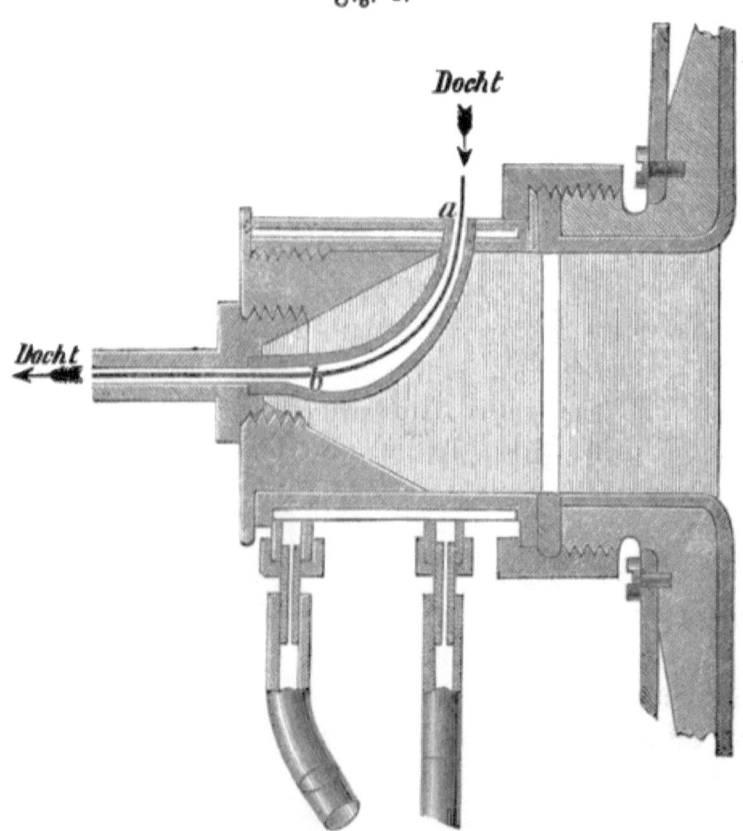

Wachsziehmaschine von Gebr. Rieß.

die Kerze die nöthige Stärke erreicht hat, welche nach Belieben regulirt werden kann. Mit diesem Verfahren erzielt man eine sich überall gleichbleibende Dicke der Kerzen, ohne daß man nöthig hat, nachzuhelfen, wie dies beim Angießen und Antragen der Fall ist.

Geb. Rieß in München ließen sich im Jahre 1868 einen eigenthümlichen Apparat zum Ziehen von Wachskerzen patentiren, welchen die Fig. 8 veranschaulicht.

Durch das Rohr a wird der Docht so eingeführt, daß er an der Mündung desselben von der in Bewegung befindlichen Wachsmasse, welche sich in weichem, knetbarem, nicht aber in flüssigem Zustande befindet, erfaßt und genau concentrisch umschlossen wird, um gleichzeitig mit letzterer durch die etwas konisch geformte Mundspitze b als fertig gebildete Kerze von beliebiger Länge, welche sich nach der Länge des Dochtes richtet, auszutreten.

Diese Kerze läuft über eine Rolle, welche sich in einem mit Wasser gefüllten Kübel befindet, und wird auf einer anderen, etwas entfernteren Rolle aufgewickelt. Die zur Verwendung gelangenden Wachsklumpen müssen eine solche Größe haben, daß sie leicht in den Preßcylinder geschoben werden können, zu welchem Zwecke das Wachs in passende Blechgefäße gegossen wird, von wo es nach gehöriger Abkühlung in weichem, knetbarem Zustande in den Preßcylinder geschoben und durch den Kolben gepreßt wird. Während der Pressung wird durch eingeleiteten Dampf der Cylindermantel, der Deckel und das Mundstück vor Abkühlung geschützt, damit das Wachs stets den weichen, formbaren Zustand beibehält. Je nach den an den Kolben angeschraubten Mundstücken, lassen sich Kerzen von verschiedener Dicke erzeugen und sind die Vortheile dieser Fabrikationsmethode einleuchtend. Das Eigenthümliche derselben besteht darin, daß der Docht auf eine sehr sinnreiche Weise vorgeschoben und von dem weichem Wachse umhüllt wird. Das im Einführungsstücke lose am Docht hängende Wachs wird, je weiter dasselbe mit dem Dochte in der Spitze vorgeschoben wird, durch die nach der Ausmündung

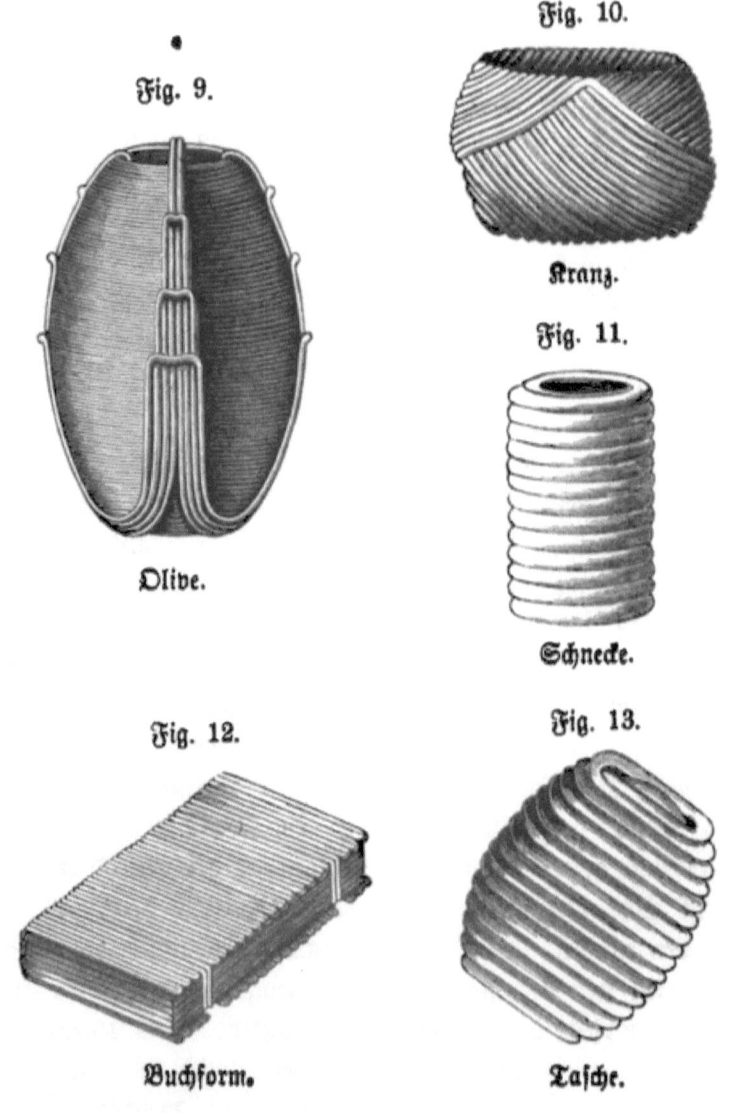

Fig. 9.

Olive.

Fig. 10.

Kranz.

Fig. 11.

Schnecke.

Fig. 12.

Buchform.

Fig. 13.

Tasche.

hin sich verengernde Bohrung immer fester um den Docht her=
umgelagert und zeigt bei seinem Austritte eine vollkommen
runde, cylindrische und glatte Oberfläche.

Die gezogenen, meist sehr dünnen Wachskerzchen, auch Wachsstöcke genannt, werden nun in verschiedenen Formen auf Kartenblätter aufgewickelt und wenn bessere, theuerere Arbeiten daraus werden sollen, mit Wachsblättern und Blumen, wohl auch mit aufgeklebten Papierbildern verziert. Am gebräuch= lichsten sind die hier abgebildeten Formen und ist die Legung derselben von der Geschicklichkeit des Arbeiters abhängig. Die Namen derselben sind:

Tonne, Türkenbund, Becher, Tasche, Buchform, Schnecke, Kranz, Olive u. s. w.

Außer diesen werden auch noch andere Formen gefertigt, so Pyramidenform in Gestalt einer auf rundlichen Füßen ruhenden, vierseitigen Pyramide; Tempelform in Gestalt eines oben abgerundeten, ebenfalls auf Füßen stehenden Cylinders; die Bienenkorbform, ein oben abgerundeter Cylinder ohne Füße; die Thurmform, welche sich in ihrem Ansehen einem Zuckerhute nähert u. a. m. Für den mosaischen Cultus werden diese gezogenen Kerzen nicht gelegt, sondern geflochten und zeigen die hier in Fig. 14 bis Fig. 17 abgebildeten Wachs= stöcke die gebräuchlichsten Flechtweisen.

Die Christbaumkerzchen, welche ebenfalls meistens gezogen werden, bestehen sehr selten mehr aus reinem Bienenwachse, sondern werden meistens aus Ceresin erzeugt; freilich brennen sie nicht so schön und verbreiten keinen angenehmen Geruch, aber sie sind wesentlich billiger als Kerzen aus reinem Wachse und entsprechen daher auch in den meisten Fällen den An= forderungen. Die gezogenen Kerzen sind es, welche häufig gefärbt werden und ist das Nöthige hinsichtlich des Färbens des Wachses im Allgemeinen auf Seite 51 bemerkt.

Das eigentliche Tunken der Wachskerzen wird wenig mehr geübt und besteht darin, daß man um einen eisernen

Sebua. Das Wachs. 5

Reifen an daran befestigten Häkchen eine Anzahl Dochte aufhängt und diese Dochte in einen Kessel mit flüssigem Wachse wieder= holt und so oft eintaucht, bis die gewünschte Dicke der Kerze

Fig. 14.

Runde Flechtung.

Fig. 15.

Russische Flechtung.

Fig. 16.

Flache Flechtung.

Fig. 17.

Viereckige Flechtung.

erreicht ist. Zwischen dem jedesmaligen Eintauchen oder Tunken in das geschmolzene Wachs muß natürlich abgewartet werden, bis das auf dem Dochte schon befindliche Wachs genügend erstarrt ist. Die eigentliche Form der Kerze kann erst durch

Ausrollen auf einem glatten Tische erzielt werden und ist hierüber Näheres bei dem Verfahren durch Antragen ausgeführt.

Herstellung der Kerzen durch das Antragen und Ausrollen.

Wachskerzen von bedeutender Länge, überhaupt Wachskerzen, deren Länge 1 Meter überschreitet, werden durch das Antragen und Ausrollen hergestellt. Man benützt zu diesem Zwecke einen langen, aus Holz gefertigten Tisch, dessen Platte entweder aus Holz und sehr sorgfältig gehobelt und geglättet ist, oder aber aus polirtem Stein besteht, was unbedingt vorzuziehen ist. Neben diesem Rolltische ist noch ein sogenannter Quetschtisch vorhanden, dessen Platte in der Mitte mit einem eisernen Bügel versehen ist, durch welchen der Preßbengel, aus festem Nußholz gearbeitet, geschoben wird und der an seinem über den Tisch hinausragenden Ende rund zugearbeitet ist, um ihn handhaben zu können.

Der Preßtisch ist aus mindestens 6 Cm. starken, eichenen Pfosten gefertigt; der eiserne Bügel läuft auf beiden Seiten in zwei starke Ringe aus, die von starken Schraubenbolzen gehalten werden und unter welchen Flügelmuttern sitzen. Der Preßbengel selbst ist ungefähr 8 Cm. breit und 7 Cm. dick. Auf diesem Tische und mit Hilfe des Preßbengels nun wird das vorher erweichte Wachs zu einer gleichartigen Masse vereinigt. Man erweicht das Wachs in der Weise, daß man eine gewisse Menge Wachsscheiben in den im Wasserbade befindlichen Schmelzkessel giebt, dieselben jedoch nicht völlig schmilzt, sondern wenn sie äußerlich erweicht erscheinen, mit einem Sieblöffel herausnimmt, durch Kneten mit der Hand vereinigt und in warmes Wasser legt.

Aus dem warmen Wasser bringt man das Wachs auf den Preßtisch unter den Preßbengel und bearbeitet es unter stetem Umkehren so lange, bis es eine vollkommen gleichmäßige Beschaffenheit angenommen hat; man prüft dies in der Weise, daß man ein Stück Wachs nach allen Richtungen hin unter= sucht, ob nicht weichere oder festere Theile noch in demselben

Fig. 18.

Die Arbeit am Rolltische.

vorkommen. Ist es genügend gequetscht, so wird es behufs vorläufiger Aufbewahrung in ein Gefäß mit heißem Wasser gelegt, welches indessen nicht so heiß sein darf, daß das Wachs darin zum Schmelzen gebracht würde.

Der Rolltisch steht in der Nähe einer Wand; in diese Wand, ungefähr 1 Meter hoch vom Fußboden entfernt, befestigt man einen eisernen Haken, durch welchen eine Rebschnur läuft, welche einerseits an der Dochtschlinge befestigt, anderseits durch einen zweiten Haken oder noch besser über eine Rolle läuft und mit einem Gewichte versehen ist, um den Docht besser spannen zu können. Läßt man das zweite Ende des Dochtes

Fig. 19.

Preßtisch mit Preßbengel.

Fig. 20.

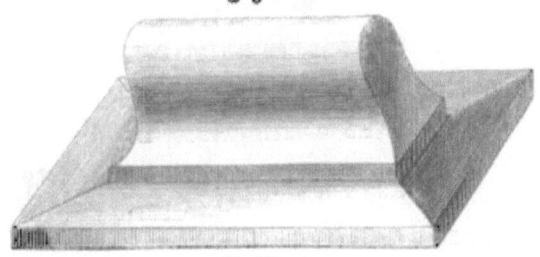

Rollbrett.

von einem Arbeiter halten, so wird das Anspannen mittelst des Gewichtes überflüssig. Nach diesen Vorbereitungen schreitet man zum Anfertigen der Kerze. Aus dem lauwarmen Wasser nimmt der Arbeiter ein Stück heraus, knetet es mit den Händen

tüchtig durch), um es noch plastischer zu machen, und hüllt den
Brocken schließlich in einen Leinwandfetzen, um neuerlich durch=
zukneten und auch alles in dem Wachse enthaltene Wasser zu
entfernen. Das gequetschte Wachs, wie es allgemein genannt
wird, legt man nunmehr auf den Rolltisch, knetet eine Rinne
von entsprechender Länge, womit man den gespannten Docht um=
hüllt, so daß derselbe möglichst gleichmäßig eingeschlossen erscheint.
Durch entsprechendes Ausrollen auf dem Tische und Behandeln
mit dem Rollbrette, welches 20 bis 30 Cm. lang, 15 bis
18 Cm. breit, auf dem Rücken 7 Cm. dick, mit einer Hand=
habe versehen und an der unteren Fläche ebenfalls sehr sorg=
fältig geebnet und aus Linden= oder Ahornholz gefertigt ist,
wird die runde Form erzielt. Das Fertigmachen so langer
Kerzen kann natürlich nur in Abschnitten geschehen, deren
Ausdehnung dem Geschicke des Arbeiters angepaßt werden muß.

Damit das Wachs sich weder an dem Tische noch an
den sonst verwendeten Utensilien anhänge, müssen solche mit
Oel zeitweise eingerieben werden.

Bei besonders dicken, schweren und langen Kerzen wird
der Docht nicht in Haken gehängt, sondern der Länge nach
auf den Rolltisch gelegt, auf demselben die Rinne gebildet und
der Docht eingelegt, im Uebrigen aber, wie früher angegeben,
verfahren.

Ehe die Kerzen zu ihrer Fertigstellung gerollt werden,
müssen sie nochmals etwas erweicht werden und geschieht dies
durch Einpackung in erwärmte wollene Tücher. Es gehört viel
Geschicklichkeit und Uebung dazu, um Kerzen gut zu rollen,
so daß man keine Unebenheit mehr bemerkt, sobald das Roll=
brett die Stelle verläßt und die Kerze eine ganz gerade, ganz
runde und regelmäßige Form erhalte. Ein Arbeiter muß sehr
geübt sein, um diese wichtige Manipulation gut auszuführen,

die der Kerze ein schönes Ansehen giebt. Sind die Kerzen,
welche zu gleicher Zeit aus der Bettung genommen wurden,
vollständig gerollt und dann mit einem weichen leinenen Tuche
polirt, so legt man solche neben einander auf den Rolltisch,
so daß die oberen Enden in eine gerade Linie zu liegen kommen;
dann werden sie gleichzeitig mit einem hölzernen Messer be=
schnitten, indem man sie auf dem Tische unter der Schneide
des Messers rollt, wodurch gleichzeitig das untere Kerzenende
gut abgeplattet wird. Das Messer nennt man das Beschneide=
messer. Nach dieser Operation bleibt nichts mehr übrig, als
daß man behufs vollständiger Fertigstellung an ihrer Basis
in der Richtung der Achse ein Loch bohrt, welches man die
Dülle nennt und welches den Dorn des Leuchters aufnimmt,
auf welchen die Kerze vertical aufgesteckt werden soll. Es
ist nöthig, daß dieses Loch vollkommen in der Mitte der Kerze
sich befindet, denn sie würde sonst, auf den Leuchter gesteckt,
eine Neigung nach der Seite zeigen, was, abgesehen von dem
ungünstigen Anblick, auch zum Abbrechen und Herabfallen
der Kerze führen könnte. Diese Dülle wird auf folgende Weise
angebracht: Sobald die Kerze auf dem Rolltische liegt, legt
der Arbeiter die linke Hand flach auf dieselbe und rollt sie:
er bringt gleichzeitig die Spitze des Zeigefingers der rechten
Hand in die Mitte des Kerzenendes und drückt hiermit eine
kleine Vertiefung, dann ergreift er mit derselben Hand einen
hölzernen Dorn, aus hartem Holze gedreht, dessen konische,
gut zugespitzte Form, sowie auch dessen Länge im Verhältnisse zur
Länge und Dicke der Kerze stehen, mit kugeligem Handgriffe
behufs bequemen Haltens, und drückt die Spitze desselben in die
Mitte des Loches, während er die Kerze beständig rollt und den
Spieß recht fest hält. Je nach der Dicke und Länge der Kerze
wird der Dorn mehr oder weniger tief eingedrückt.

Wenn statt runder, eckige — namentlich aber prismatische und sechsseitige Kerzen hergestellt werden sollen, so nimmt man ein ebenfalls aus Holz gefertigtes Messer mit etwas zugerundeter Schneide, macht mit demselben, indem man es in gerader Linie mit einigem Druck längs der ganzen Kerze hinbewegt, auf der runden Kerzenoberfläche sechs gleiche Felder und führt mittelst eines Grabstichels auf den Kanten jedes Feldes zwei vertiefte Linien in der ganzen Länge der Kerze aus. Diese beiden Operationen, so leicht ausführbar sie auch zu sein scheinen, haben doch ihre beträchtlichen Schwierigkeiten und bedingen, wenn sie gerathen sollen, einen besonderen Grad von Uebung und Geschicklichkeit.

Die Herstellung der Wachskerzen durch das Angießen.

Diese Art der Wachskerzen-Herstellung ist wohl eine ziemlich einfache, da sie im Principe darin besteht, daß ein an einem fixen Punkte aufgehängter Docht so lange mit flüssigem Wachse begossen wird, bis die Kerze die nöthige Dicke erreicht. Nun ist es aber selbst bei größter Geschicklichkeit und Uebung kaum möglich, dieses Angießen so regelmäßig rings um den Docht herum auszuführen, daß die Kerzen auch nur eine halbwegs anständige Form haben und es müssen alle durch Angießen dargestellten Kerzen noch auf dem Rolltische vollendet werden. An Utensilien benöthigt man 1. den Kranz oder Reifen, auf welchen die Dochte aufgehängt werden, 2. die Hütchen aus Weißblech, welche verhindern, daß das Dochtende mit Wachs übergossen werde, 3. den Angießlöffel, 4. das Hütchenmesser und 5. das Kopfmesser.

Der Kranz oder Reifen ist aus Holz oder Eisendraht verfertigt, am äußeren Umfange mit eisernen Häkchen, deren

Fig. 21.

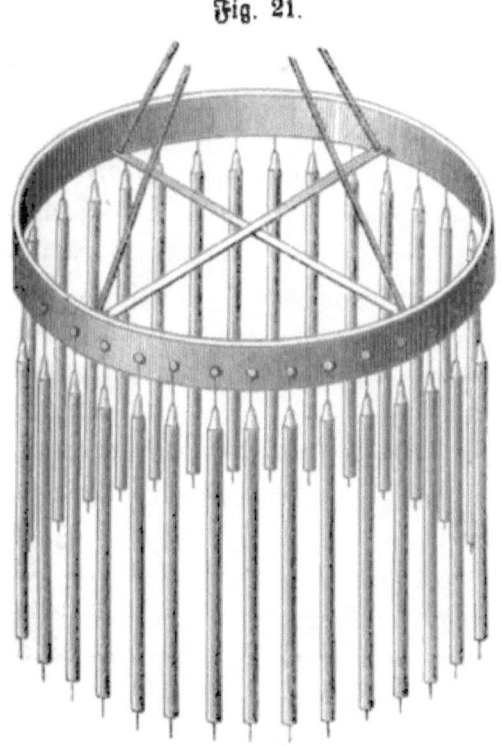

Kranz oder Reifen.

Fig. 22.

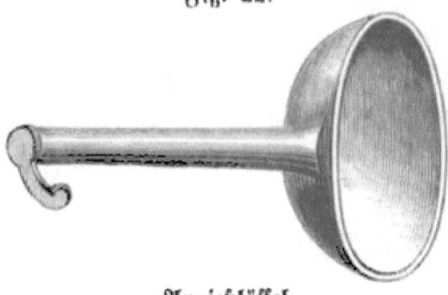

Angießlöffel.

Zahl sich nach der Größe, beziehungsweise dem Durchmesser des Kranzes richtet, versehen, die etwa 6 Cm. von einander abstehen; er ist durch vier an dem Umfange befestigte Schnüre mittelst Haken in den Ring eines Seiles eingehängt, das oben an der Decke des Arbeitsraumes über eine Rolle geht, so daß der Kranz in beliebiger Höhe aufgezogen und niedergelassen werden kann, und sich über dem Wachsschmelzgefäße befinde, ohne dasselbe zu berühren. Die ' Dochthütchen sind kleine 3 bis 4 Cm. lange Röhrchen aus Zink= oder Weißblech, in welche die Dochte gesteckt werden, damit sie beim Gießen nicht mit Wachs überzogen werden.

Der Gießlöffel ist aus Weißblech oder noch besser aus emaillirtem Eisenblech gefertigt, hat einen kurzen, handsamen Stiel mit Holz überlegt und die Löffelschale ist an einer Stelle schnabelartig zusammengedrückt, um das Gießen zu erleichtern. Das Hütchenmesser ist aus Holz, 35 Cm. lang, 9 Cm. breit, an der Schneide doppelt zugeschärft, und dient dazu, das an den Hütchen angesetzte Wachs zu entfernen, während das Kopf= messer den Zweck hat, den oberen konischen Theil der Kerze zu bilden.

Der Schmelzofen (Fig. 23) besteht aus Eisenblech, bildet einen inneren hohlen Cylinder, welcher einen hinreichend großen Ausschnitt besitzt, um die Kohlenpfanne zur Erhitzung des Wachses aufzunehmen. Auch kann dieser Ofen derart con= struirt sein, daß der eigentliche Schmelzkessel für das Wachs mit einem Mantel umgeben ist, in welchem kochendes Wasser circulirt, um auf diese Weise das Wachs in Fluß zu bringen. Der Raum, welcher das Wachs aufnimmt, ist mit einem breiten, nach innen geneigten Rande versehen, damit das beim Angießen abtropfende Wachs immer wieder in den Kessel zu= rück gelange.

Das Angießen selbst kann man in der Weise vornehmen, daß man den Docht aufhängt und ihn seiner ganzen Länge

nach mit Wachs begießt, oder aber, daß man ihn nur bis
zur Hälfte der Länge angießt, ihn hierauf umbreht, respective
am unteren Ende aufhängt und das Angießverfahren auf der
zweiten Hälfte zur Ausführung bringt. Die Dochte werden
mit den Hütchen abjustirt, hierauf an den Kranz aufgehängt,
so daß die Hütchen alle am unteren Ende des Dochtes sich befinden,
und dieser selbst in die angemessene Entfernung vom Kessel

Fig. 23.

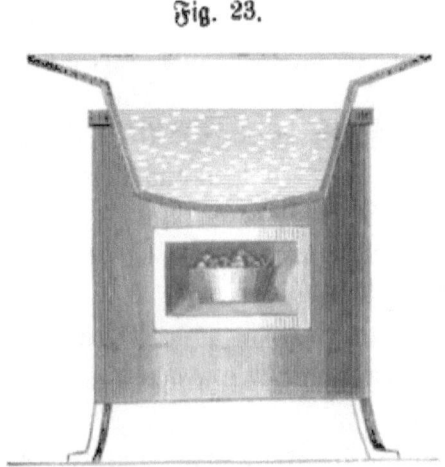

Wachsschmelzofen.

gebracht. Der mit der Manipulation betraute Arbeiter nimmt
nunmehr den Angießlöffel, füllt ihn mit geschmolzenem Wachse
und beginnt in der Mitte der Länge des Dochtes das Angießen.
Dieses Angießen geschieht bei allen am Kranze hängenden
Dochten gleichmäßig, indem der Kranz dabei fortwährend ge=
dreht wird, so daß der Arbeiter an einer Stelle stehen bleibt.
Sind alle am Kranze befindlichen Dochte angegossen, so beginnt
man mit einem zweiten Anguß und setzt diese Angüsse so
lange fort, bis die Kerzen annähernd die erforderliche Dicke

haben. Hierauf werden sie von dem Kranze abgenommen, in
der schon früher angegebenen Weise in wollene Tücher geschlagen,
damit sie ihre Biegsamkeit und Bildsamkeit behalten und nun=
mehr auf dem Rolltische ausgerollt. Sind sie auf diese Weise
genügend rund geworden, so werden sie der Hülsen entledigt,
indem man zuerst das an denselben befindliche Wachs mit
dem Hütchenmesser entfernt und dann das Hütchen mit der
Hand vom Dochte abzieht; man hat jetzt nur noch mittelst
des Kopfmessers am Ende der Dochtschlinge ungefähr $1^1/_2$ Cm.
breit das Wachs abzustreifen, um den konischen Hals der
Kerze auf diese Weise zu erzielen. Nachdem die eine Hälfte
der Kerze auf solche Art fertiggestellt ist, dreht man sie um,
zieht das Hütchen über den noch unangegossenen Docht, hängt
dieselbe auf den Rechen so auf, daß der schon fertige Theil
der Kerze dem Kranze zunächst sich befindet und führt das An=
gießen in gleicher Art durch.

Das Ausrollen geschieht in derselben Weise wie früher,
nachdem die Kerzen zuerst in die wollene Decke eingeschlagen
worden sind.

Beim Angießen der Kerzen in ununterbrochener Arbeit findet
ein Anstecken und Abnehmen der Hütchen nicht statt; die Kerzen
werden auch nicht umgedreht, wodurch man eine größere Anzahl
derselben fertig zu machen im Stande ist, wenngleich von dem
Arbeiter weit mehr Uebung und Geschicklichkeit verlangt werden
muß, um ein tadelloses Erzeugniß zu erzielen. Die getränkten
Dochte werden mit ihren Schlingen an die Häkchen des
Kranzes angehängt, mittelst des Angießlöffels mit dem Wachse
begossen, indem der Schnabel desselben unmittelbar unter
der freibleibenden Dochtschlinge angesetzt wird und man die
Dochte beständig umdreht. Dadurch bildet sich die Kerze an
dem oberen Theile des Dochtes unmittelbar unter der Schlinge

am dickſten und verjüngt ſich nach unten. Nachdem dieſes
Vorgießen beendet iſt, werden die Kerzen vom Reifen ent=
fernt, auf den Rolltiſch gebracht und vollkommen rund ge=
rollt, zu welchem Verfahren man ſich des halbrund aus=
gearbeiteten Rollholzes bedient. Die auf dieſe Art gerundeten
Kerzen, welche ungefähr zwei Drittel des beſtimmten Gewichtes
erlangt haben, werden nun neuerlich auf den Reifen auf=
gehängt und wieder angegoſſen, wobei ſich die Sorgfalt des
Arbeiters darauf richtet, den unteren Theil der Kerze mit
mehr Wachs zu verſehen, ihn alſo dicker als den oberen zu
machen. Haben die Kerzen auf dieſe Weiſe die richtige Dicke
erreicht, ſo werden ſie auf dem Rolltiſche ausgerollt, abge=
ſchnitten und dann noch der Einwirkung der Luft ausgeſetzt.

Sollen beſonders lange Kerzen mittelſt des Angießens
hergeſtellt werden, ſo muß der Reifen, auf welchem die Dochte
hängen, ſich in entſprechender Höhe befinden und der Arbeiter
ſelbſt, welcher das Angießen ausführt, auf einer beweglichen
Leiter oder Treppe ſtehen. Dabei befindet ſich ſeine rechte
Schulter in gleicher Höhe mit dem Reife; er kneipt mit zwei
Fingern ſeiner rechten Hand den Docht unter dem Halſe zu=
ſammen und gießt das Wachs an, indem er ungefähr 4 Cm.
vom Ende des Dochtes anfängt und letzteren dabei ganz all=
mälig dreht, damit ſich das Wachs gleichförmig um den
ganzen Docht verbreite. So werden alle Dochte, die am Kranze
hängen, behandelt und wenn der letzte der Dochte angegoſſen
iſt, iſt das auf den erſten aufgegoſſene Wachs hinlänglich er=
ſtarrt, um in gleicher Weiſe weiter angegoſſen zu werden.
Um eine ſchön koniſche Form der Kerzen zu erhalten, giebt
man drei Güſſe der ganzen Länge nach, fängt beim vierten
etwas weiter unten an und geht mit den weiteren Angüſſen
ſtets etwas tiefer; vortheilhaft iſt es, ſehr dicke Kerzen nicht

auf einmal zu vollenden, sondern etwa in der Mitte die
Operation zu unterbrechen, die Kerzen gut abkühlen zu lassen
und erst nach einigen Tagen zu vollenden. Die fertig ange=
gossenen Kerzen werden eingeschlagen und dann auf dem Roll=
tische ausgerollt.

Alle durch Antragung oder Angießen fabricirten Kerzen
haben selbstverständlich nie ein gleichmäßiges Gewicht; ge=
schickte Arbeiter sind zwar im Stande, die Kerzen von ziem=
lich gleichem Gewichte herzustellen, allein ganz genau bringen
sie dies doch nicht zu Stande und muß, ehe die Kerze zum
Ausrollen gelangt, ihr Gewicht genau geprüft werden. Sind
nur kleine Differenzen, so lassen sich diese beim Ausrollen
durch Verlängern der Kerze über ihr bestimmtes Längenmaß
und Abschneiden des überflüssigen Wachses ausgleichen; sind
aber große Differenzen da, so muß die Manipulation des
Antragens oder Angießens von Neuem und so lange vor=
genommen werden, bis die Gewichte der einzelnen Kerzen
unter einander gleich sind.

Auch müssen die durch Ziehen und Angießen hergestellten
Wachskerzen noch einmal gebleicht werden, da das Wachs
sich durch das Schmelzen, und werde dies noch so sorgfältig
vorgenommen, doch stets etwas färbt. Dieses Bleichen geschieht,
indem man die fertigen Wachswaaren auf Bleichrahmen (mit
Netzen bespannte Holzrahmen) bringt, welche auf Holzpflöcken
aufgestellt oder auf den Rasen gelegt werden und sie einige
Tage dem Sonnenlichte und der Luft aussetzt. Oefteres Be=
gießen mit reinem Wasser fördert den Bleichproceß sehr und
man kann nach drei bis vier Tagen die Kerzen entweder ver=
packen oder aber sie decoriren, wovon später noch die Rede
sein wird. Die durch Antragen erzeugten Kerzen bedürfen
keiner nachträglichen Bleiche, da das Wachs durch die eigen=

thümliche Manipulation sich nicht nur nicht gefärbt hat, sondern sogar einen viel reineren Farbenton, ein matteres Weiß
angenommen hat, als dies durch Bleichen zu erzielen möglich
wäre. Aus dem gequetschten Wachse läßt sich durch eine besondere Behandlung eine Sorte herstellen, welche sich durch
eine brillant schöne weiße Farbe auszeichnet. Man nimmt ein
Stück gequetschten Wachses, bringt es in den Kessel, legt den
Deckel auf und läßt es in dem heißen Wasser, bis es in einen
dicken Brei verwandelt ist. Dann nimmt man eine bestimmte
Menge dieses Breies heraus, läßt sie gut abtropfen und giebt
sie auf einen mit Leinwand überspannten Rahmen. Nachdem
das Wachs auf diesem so weit abgekühlt ist, daß man nicht
mehr Gefahr läuft, sich zu verbrennen, knetet man es tüchtig
durch, damit alles noch darin enthaltene Wasser vollständig
entfernt werde. Man bildet aus demselben Kuchen von ungefähr 1 Kilogr. Schwere, welche durch Abkühlen Festigkeit erlangen und die man in geschlossenen Kästen aufbewahrt,
um sie vor Staub zu schützen. Dieses Wachs soll nun, wie
sich die Arbeiter ausdrücken, seinen Körper verloren haben
und für sich allein zur Kerzenerzeugung unverwendbar sein.
Mischt man es aber mit anderem Wachse, so können aus
dieser Mischung durch Angießen brauchbare und blendend
mattweiße Kerzen erzeugt werden.

Das Gießen der Kerzen in Formen.

Das Gießen der Kerzen ist die einfachste und praktischste
Art ihrer Herstellung, da man in die Formen nur den Docht
einzuziehen hat und dann dieselben einfach mit Wachs vollgießt. Die Formen sind hier der wichtigste Theil der Erzeugung und werden auf verschiedene Weise und aus ver-

schiedenem Materiale verfertigt. Man kennt solche, die aus einem Stücke und solche, welche aus zwei zerlegbaren Hälften bestehen; als Material zu denselben wird Zinn, eine Composition aus Zinn und Blei, Glas, emaillirtes Gußeisen und Messing verwendet. Das Innere der Formen muß vollkommen rein und glatt, ohne Erhöhungen und Vertiefungen sein und stets glatt und rein erhalten werden. Gläserne Formen entsprechen diesen Bedingungen am vollkommensten, aber sie sind in ihrer Herstellung ziemlich theuer, ihres eigenen Gewichtes halber schwer zu handhaben und sehr leicht zerbrechlich, weshalb man sie nicht gern verwendet. Am häufigsten verwendet man Formen aus Zinn, welches mit dem fünften Theil seines Gewichtes mit Blei legirt wird und bestehen diese meistens aus zwei genau auf einander passenden Hälften, welche, zusammengelegt, durch drei aufgeschobene Ringe festgehalten werden. Alle Formen, welche ein Ganzes darstellen, müssen am oberen Ende etwas konisch zulaufen, um das Herausnehmen des gegossenen Materials zu erleichtern, während die aus zwei Theilen bestehenden Formen vollkommen cylindrisch sein können.

Das untere Ende der Kerzenform, also der Fuß, muß mit einer schalenartigen Erweiterung versehen sein, um die=

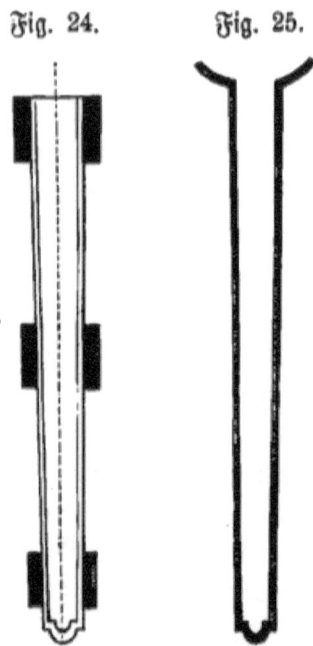

Fig. 24.　　　Fig. 25.

Zerlegbare Kerzenform.　　Kerzenform aus einem Stücke.

selbe beim Gießen auf Gerüsten oder Rahmen aufhängen zu
können. Bei größerem Betriebe ist es außerordentlich vortheilhaft, nicht einzelne Formen zu haben, sondern gleich eine
ganze Formenbatterie für 24—30 Kerzenformen zu verwenden,
welche auf einem eigenen Gießtische ihre Aufstellung finden
und das Gießen außerordentlich erleichtern.

Alle Kerzenformen müssen vor dem Gießen eingefettet
werden und zwar verwendet man am besten reines Olivenöl
hierzu, um das Anhaften der Kerzen an den Wandungen
zu vermeiden und das Herausnehmen nach dem Gusse zu
erleichtern. Die aus zwei Theilen bestehenden Formen fettet
man mit einem Läppchen ein; die aus einem Stücke bestehenden hingegen mit einem aus Borsten gefertigten Wischer.
Nach dem Gusse müssen die Formen mit Terpentinöl, ebenfalls vermittelst des Wischers, von etwa anhängendem Wachse
sorgfältig gereinigt, werden, denn es ist vollständige Rein-
haltung zur Erzielung tadellosen Fabrikates unbedingt noth-
wendig.

Der Docht selbst wird vermittelst der sogenannten Docht-
nadel, eines genügend starken Eisendrahtes, welcher an einem
Ende durch Umbiegen mit einem kleinen Haken versehen wird,
mit dem die Dochtschlinge gefaßt, am anderen Ende aber vollständig zu einem die Handhabe bildenden Ringe geformt wird,
eingezogen. Mittelst dieser Nadel ergreift man die Schlinge,
welche in die obere Oeffnung der Kerzenform eingeführt wird,
zieht die Nadel sammt Docht durch die Form und macht nun
an dem Ende des Dochtes eine Schlinge oder einen Knopf,
durch welche ein Holzspan gesteckt wird, welcher über die
ganze Form reicht, um das Hinabrutschen des Dochtes zu
verhindern. Dieser selbst muß genau in der Mitte der Form
sich befinden, da sonst die Kerze ungleich brennen würde, und

straff angespannt sein. Oben befestigt man den Docht eben=
falls mittelst eines durch die Schlinge gezogenen Holzstückchens
und kann auf diese Weise derselbe genügend straff angespannt
werden. In dieser Art werden in alle vorhandenen Formen
die Dochte eingezogen, dieselben auf die Gerüste und die Gieß=
tische placirt und nunmehr mit dem Gießen selbst begonnen.

Der Gießtisch ist aus Eisen construirt, die Formen selbst
aus emaillirtem Gußeisen gefertigt und so eingerichtet, daß
derselbe vermittelst einer an der Decke des Fabriksraumes
angebrachten Rolle in die unterstehende, mit heißem Wasser
gefüllte Kufe aus Holz oder den Eisenblech=Ständer getaucht
werden kann. Es müssen nämlich, um das Herausnehmen der
Kerzen zu erleichtern, sobald die Formen kalt und das Wachs
fest geworden, die vollen Formen in heißes Wasser ge=
taucht werden, wobei sich die Formen ausdehnen und die
Kerzen selbst nunmehr leicht herausgezogen werden können.

Inzwischen hat man das Wachs in den Kessel gebracht,
angefeuert und dasselbe kommt nunmehr nach und nach in
Fluß. Anfänglich muß man nur mit schwachem Feuer arbeiten
und bedient man sich, um das Schmelzen bei einer möglichst
gleichen Temperatur vorzunehmen, eines Wasserbades. Dieses
Wasserbad, ähnlich dem in Fig. 23 abgebildeten, besteht aus
einem doppelwandigen Kessel, in dessen Mantel aus einem
anderen Kessel heißes oder kochendes Wasser geleitet wird,
je nachdem man eine höhere oder niederere Temperatur
wünscht. Der Mantel selbst ist mit einem Ablaßhahn ver=
sehen, um das Wasser zeitweise ablassen zu können, welches
dann selbstverständlich stets durch Zufluß von heißem auf
dem Niveau erhalten werden muß. Auch kann man statt des
heißen Wassers in den Mantel Dampf einströmen lassen,
wenn man Dampf zur Verfügung hat, und muß nur der

Mantel entsprechend stark, um dem Drucke widerstehen zu
können, gefertigt und mit dem nöthigen Sicherheitsventil ver=
sehen sein. Durch das Wasserbad ist es nicht möglich, eine
höhere Temperatur als 100° C. zu erreichen und ist diese
hinreichend, um das Wachs gehörig in Fluß zu bringen. Ist
dieser Grad der Flüssigkeit erreicht, so öffnet man den aus dem
inneren Kessel durch den Mantel führenden Ablaßhahn, stellt
den Gießtopf darunter und läßt
denselben gehörig voll laufen.

Fig. 26.

Der Gießtopf selbst muß mit
einem hölzernen Henkel versehen
sein und gehörig vorgewärmt
werden, damit sich das heiße
Wachs nicht an die Wandung
anlegen kann.

Jetzt nimmt der Arbeiter
den Gießtopf, gießt nach und
nach die Formen voll, wobei
Acht gegeben werden muß, daß
nichts darneben gegossen wird
und füllt, wenn der Topf leer

Gießtopf.

geworden, denselben von Neuem und so lange, bis alle vor=
handenen Formen gefüllt sind. Das allenfalls noch in dem
Kessel verbleibende Wachs beläßt man in demselben, um es
später zu verwenden, wenn nicht allenfalls continuirlich ge=
arbeitet wird. Sind die Formen genügend abgekühlt, ganz
kalt geworden, so taucht man solche einige Minuten in heißes
Wasser und nimmt die Kerzen heraus. Dieselben werden auf
einen glatten Tisch gelegt, die Dochtenden entsprechend abge=
schnitten, das am unteren Ende anhängende überflüssige Wachs
aber mit dem Messer entfernt. Dergestalt egalisirte Kerzen,

welche auch gewogen werden und ein gleiches Gewicht haben
müssen, werden nun noch mit einem Lappen abgerieben, um
Unreinigkeiten zu entfernen und ihnen mehr Glanz zu geben,
und dann entsprechend verpackt.

Das Decoriren der Wachskerzen.

Die Decorirung der Kerzen ist eine sehr wichtige Arbeit;
sie ist sehr verschiedenartig auszuführen und richtet sich ganz
nach dem Zwecke und der Verwendung der Kerzen; sie ist
aber auch abhängig von der Geschicklichkeit, dem Schönheits=
sinne des Verfertigers und von den Preisen, welche man
erzielen kann. Zur Decorirung selbst wird entweder nur Wachs
oder Wachs im Vereine mit bedrucktem und gepreßtem Papier,
sowie mit Bändern benützt; die aus Wachs zu pressenden
oder gießenden Verzierungen werden meist gefärbt, auch ver=
goldet; über das Färben gelten die für das Färben des
Wachses im Allgemeinen aufgestellten Principien, das Ver=
golden soll noch eingehend besprochen werden.

Einfache, aus geraden oder gebogenen Linien bestehende
Verzierungen — Gravirungen — werden mit dem Gravirstahl
ausgeführt, indem der Arbeiter diesen Stahl in die Hand
nimmt und aus freier Hand oder nach Vorlagen die Zeich=
nungen in das Wachs eingräbt. Meist sind es parallele, um
den Umfang der Kerze laufende Linien, welche in größeren
oder kleineren Zwischenräumen nebeneinander angebracht werden.
Es gehört zur Ausführung dieser Arbeiten eine sehr sichere
Hand; die Tiefe der Gravirung kann beliebig geregelt werden.
Für complicirtere Zeichnungen verwendet man Model aus
Buchsbaumholz, welche nicht allzutief gestochen sein dürfen,
damit sich das Wachs wieder leicht auslöst. Das Wachs muß

noch einen gewissen Grad der Weichheit haben, um diese
Model, welche mit reinem Olivenöl ausgestrichen werden, auf=
zubrücken; sollte es schon fest geworden sein, so erweicht man
es, indem man ein heißes Eisen in die Nähe der Stelle hält,
auf welcher der Model eingedrückt werden soll. Den Model
setzt man dann an und drückt solchen unter genügendem Kraft=
aufwande ein, so daß alle Verzierungen genügend scharf aus=
geprägt erscheinen. Erhabene Verzierungen werden in Formen
von sehr flacher Beschaffenheit eingedrückt oder auch in solche
aus Wachs gegossen und dann aufgelegt. Man verwendet

Fig. 27.

Gravirstahl.

jedoch zu diesem Zwecke nicht reines, sondern mit Colophonium
gemischtes Wachs, da dieses etwas härter wird. Es werden
5 Theile weißes Wachs mit $1^3/_4$ Theilen weißem Colophonium
zusammen geschmolzen, die Mischung durch Umrühren vereinigt,
das Schmelzgefäß vom Feuer genommen und auf ein heißes
Aschenbett gesetzt, um das Gemisch flüssig zu erhalten und das
Absetzen der Verunreinigungen zu erleichtern. Hat sich das Ge=
menge hinreichend geklärt, so überleert man solches in ein
anderes passendes Gefäß. Dieses macht man über schwachem
Kohlenfeuer neuerlich heiß, damit das Wachs wieder flüssig
wird und taucht ein früher gut mit Wasser benetztes Brett
hinein, welches der Größe der Form entspricht. Dieses Brett
überzieht sich auf beiden Seiten mit einer dünnen Wachsschichte

und wenn diese genügend dick ist, hört man mit dem Ein=
tauchen auf und hält es einige Minuten in kaltes Wasser.
Man kann das Wachs nunmehr als eine dünne Schichte von
dem Brette ablösen, wischt die Form mit Oel aus, legt sie auf
die Wachsplatte und drückt auf die Form so lange, bis man
überzeugt ist, daß solche ganz mit Wachs gefüllt ist. Dann
nimmt man mit einem Messer aus Horn oder Bein, dessen
stumpfe Schneide ganz horizontal ist, das über die Ränder
der Form getretene Wachs weg, klopft einige Male leicht auf
diese selbst, worauf der Wachsabdruck herausfallen wird.
Diese Verzierungen aus Wachs können entweder aus gefärbtem
Materiale hergestellt werden, oder sie können mit eigenen
Wachsfarben bemalt oder vergoldet werden; jedenfalls ist es
vortheilhaft, dieselben erst vollkommen fertig zu stellen, ehe
man sie auf den Kerzen befestigt. Zur Aufbringung auf die
Kerzen erwärmt man die betreffenden Stellen leicht mit einem
heißen Eisen, legt die Verzierung an und preßt sie mit einem
Tuche auf. Dieselbe haftet an der Stelle ganz gut, allen=
falls kann man mit einigen Nadeln, welchen man früher die
Köpfe abzwickt, nachhelfen. Die Objecte, welche diese Ver=
zierungen darstellen, sind mannigfacher Natur, namentlich aber
Laub= und Blumengewinde, Bänder mit religiösen Inschriften
u. dgl., und werden entweder ringförmig oder schneckenförmig
(schraubenförmig) an der Kerze angebracht. Das Vergolden
dieser Verzierungen kann auch in der Weise geschehen, daß
man das Blattgold auf die Wachsschichte auflegt und dann
den Model aufdrückt, wodurch das Gold sehr fest haftet.

Ein andere Decoration des Wachses wird durch das
Canneliren hervorgebracht, das sind parallel und in verschiedener
Entfernung von einander hinlaufende, mehr oder weniger tiefe
Einschnitte mit rundem oder eckigem Querschnitte, zu deren

Herstellung man die nachstehend beschriebene Vorrichtung ge=
braucht. Diese Vorrichtung besteht aus einem Brette von
27 Mm. Dicke, 162 Mm. Breite und einer Länge, welche
den längsten Kerzen, die man zu verfertigen gedenkt, gleich=
kommt, gut abgehobelt und vollkommen wagrecht, welches an
dem einen der beiden Enden ein aus hartem Holze gemachtes
Lineal, an einer Holzschraube, die gleichzeitig den Mittelpunkt
desselben bildet, beweglich, trägt. Unbedingt nöthig ist, daß
die äußere Seite, beziehungsweise Kante dieses Lineals gerade
und mit der Brettkante parallel sei und auf diese Weise der
bewegliche Halbmesser eines zu beschreibenden Kreises sei.

Fig. 28.

Cannelirungsvorrichtung.

Gegen das Ende des Lineals hin wird ein Längseinschnitt
gemacht, in welchen eine Schraube, mit Flügeln versehen und
aus hartem Holze gedrechselt, kommt, die sich in das unterliegende
Brett einschrauben läßt; die Dimensionen dieses Lineals sind
27 Mm. Dicke und mindestens 110 Cm. Breite. Neben diesem
Lineale ist durch drei Holzschrauben eine Leiste von 490 Mm.
Breite und 27 Mm. Dicke befestigt; die innere Seite muß in
der Richtung des Radius liegen, was strenge einzuhalten ist;
größerer Regelmäßigkeit halber muß die äußere Seite parallel
mit dem Radius und mit den Seiten des unteren Brettes
sein. Aus dieser Einrichtung ersieht man, daß, wenn man das
Lineal der Leiste nähert, letztere mit allen ihren Punkten
das Lineal berühren müsse, weil beides Radien eines und

desselben Kreises sind, die sich hier einander nähern. Hat man
nun die Construction dieses Apparates gut begriffen, so wird
einem auch die Anwendung einleuchten.

Man bringt eine Kerze zwischen das Lineal und die
Leiste und klemmt sie ganz schwach zwischen diese beiden Stücke
mittelst der Schraube, jedoch in solcher Weise, daß sie nicht
wanken kann. Ehe man die Kerze zwischen das Lineal und die
Leiste bringt, theilt man den Umfang des unteren Theiles —
also des Fußes der Kerze — in sechs gleiche Theile von 10 bis
15 Cm., je nach ihrer Länge, und indem man die Kerze in
die Vorrichtung bringt, nimmt man darauf Rücksicht, einen
dieser Abtheilungspunkte in die Ebene zu bringen. Hat man
sodann die Spitze des Streichmodels, welcher eben die Cannelirung
enthält, auf diesen Punkt gestellt, während die Richtungsebene
der Seite des langen Brettes entspricht, so bewegt man den
Streichmodel von dem bezeichneten Punkte bis zum Halse
und macht mit aller Leichtigkeit und größter Regelmäßigkeit
eine Cannelirung. Man spannt hierauf die Kerze aus, dreht sie
successive auf alle Abtheilungspunkte und erhält so die 6 Canneli=
rungen, welche man auf Kerzen meistens ausführt. Jetzt muß die
Kerze, wenn sie nämlich in der Weise verziert werden soll,
nur noch gedreht werden, was auf folgende Weise geschieht:
Man theilt die Länge der Cannelirungen in drei gleiche Theile,
legt die rechte Hand auf den Beginn der Cannelirung und
drückt; die linke Hand, welche im ersten Drittel liegt, drückt
ebenfalls und läßt die Kerze sich von links nach rechts um
ihre Achse drehen. Da die Hand fest liegt, so neigen sich die
Cannelirungen schraubenförmig auf diese Seite; man bringt
nun beide Hände höher, die rechte Hand nämlich dahin, wo
früher die linke war und die linke in das zweite Drittel,
worauf man in entgegengesetzter Richtung dreht. Endlich er=

greift man mit der linken Hand die Kerze unter dem Halse, die rechte Hand nimmt die Stelle der linken ein; man dreht nach der ersten Richtung und die Operation ist vollendet. Man braucht die Kerze nur noch ein wenig auf dem Roll= tische zu rollen, um sie wieder gerade zu richten. Die Vor= richtung gestattet die Anbringung aller möglichen Verzierungen und ist nur abhängig von der Form, welche das Eisen des Streichmodels hat.

Fig. 29.

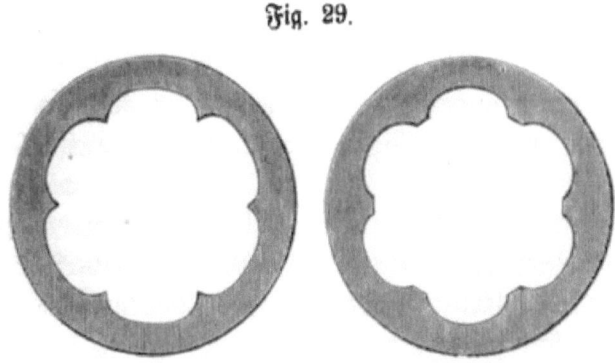

Cannelirungseisen.

Hat man Kerzen von nicht bedeutender Länge zu canne= liren, so kann man hierzu auch ein sehr exact gearbeitetes Eisen, dem Durchmesser der Kerze entsprechend weit und mit den Cannelirungen versehen, verwenden. Dieses Eisen, ziemlich schwer und, um Beschmutzungen des Wachses zu vermeiden, innen versilbert, wird auf die Kerze aufgesetzt und über die ganze Länge derselben hinabgedrückt, so daß sich die Cannelirun= gen einpressen; diese selbst sind in dem Eisen messerartig zugeschärft, so daß sie schneidend wirken.

Das Vergolden der Wachskerzen wird in den meisten Fällen mit Blattmetall, seltener mit Bronzepulver vorgenommen, da das letztere, wenn das Wachs nicht ganz besonders fest und nicht mehr klebrig ist, sich an solchen Theilen der Kerze anhängt, an welchen eine Vergoldung nicht gewünscht wird und diese dadurch ein schmutziges und fleckiges Ansehen erhalten. Am besten ist es, wenn jene Theile der Kerze, welche mit Blattmetall decorirt werden sollen, genau bezeichnet und alle anderen Stellen mit weißem Papier umhüllt werden, so daß keinerlei Gefahr zu befürchten ist. Das Vergolden selbst kann in der Weise vorgenommen werden, daß man einen Pinsel in flüssiges Wachs taucht, jene Stellen, auf welche Gold kommt, mit demselben rasch überfährt und dann das Blattmetall schnellmöglichst auflegt und andrückt, oder aber die Bronze in Pulver mit einem Pinsel oder einem Wattebäuschchen auf= stäubt. Sind indessen complicirte Decorationen auszuführen, so kann in dieser Weise nicht gearbeitet werden, sondern es muß die Zeichnung mittelst Vergolderfirniß gemacht und ehe solcher völlig trocken geworden, das Blattmetall oder die Bronze aufgelegt werden.

Auch lassen sich auf die Kerzen Malereien mit Wachs= farben, von deren Bereitung noch die Rede ist, anbringen, ebenso wie einzelne bunte Linien, welche man allenfalls mit flüssigem, farbigem Wachse oder auch mit Aquarell= und selbst Lackfarben ausführen kann. Die Papierverzierungen, aus Sternen, Borduren, Bildern ꝛc. bestehend, werden an der Rückseite mit flüssigem Wachse bestrichen und dann an den Kerzen befestigt, indem man sie fest andrückt. An den Oster= kerzen werden auch die Weihrauchnägel angebracht. Diese Nägel haben die Form viereckiger Pyramiden und sind mit einem kleinen Anhängsel unter der Basis der Pyramide versehen. Mit diesem Anhängsel sitzen die Nägel in der Kerze. Diese Nägel werden aus Wachs geformt, unter welches man Weih=

rauch oder Mastix in gepulvertem Zustande gemischt hat, woburch das Wachs eine hellgraue Färbung erhält. Man macht ein kleines Loch in der Mitte eines Feldes der Kerze, eines barüber, eines barunter und eines auf jeder Seite des ersteren; in diese fünf Löcher setzt man die genannten Nägel ein, welche gewöhnlich vergolbet werden.

Die Fabrikation der Nachtlichter.

Unter dem Namen Nachtlichter versteht man solche Wachs= kerzen, welche vermöge ihrer eigenthümlichen Form ein nur sehr schwaches Licht geben und sehr langsam verbrennen, so daß eine solche Wachskerze, welche gewöhnlich sehr billig ist, eine ganze Nacht brennt und den zu beleuchtenden Raum in ein tiefes Halbdunkel hüllt. Man kennt hiervon die sogenannten »Mortiers« und die gewöhnlichen Nachtlichter, welche auch Schwimmer genannt und auf in ein mit Oel gefülltes Glas gesetzt werden.

Zur Herstellung der »Mortiers« bedarf man einer An= zahl von konischen Töpfchen aus Weißblech, deren Form Fig. 30 versinnlicht und deren Größe sich nach den zu fer= tigenden Lichtern richtet. Diese Töpfchen werden gut mit Olivenöl ausgestrichen, so daß sich das hineingegossene Wachs nicht an die Wandungen anlegen kann, und auf einem Tische arrangirt. Nun faßt der Arbeiter mit der linken Hand die in entsprechende Länge geschnittenen, imprägnirten Dochte, be= ziehungsweise einen derselben, hält denselben in die Mitte des Töpfchens so, daß ungefähr 2 Cm. desselben auf den Boden zu liegen kommen, während der übrige Theil in der Mitte aufsteigt und ungefähr $1/2$ Cm. über den Rand des Töpfchens hinausragt, um das Anzünden zu gestatten. Mit der rechten

Hand faßt er den Gießlöffel, füllt das Wachs in den Topf und läßt es darin erstarren. Um die Arbeit zu beschleunigen, so daß man nicht warten muß, bis der Docht in dem weichen Wachse von selbst stehen bleibt, kann man durch die Schlinge ein Stückchen Holz ziehen, welches über die beiden Ränder des Töpfchens hinausragt und verhindert, daß der Docht aus seiner Lage komme. Sobald das Wachs völlig kalt geworden und erstarrt ist, stürzt man die Töpfchen um, wodurch die Mortiers leicht herausgehen und stehen bleiben, während man

Fig. 30.

Fig. 31.

Form für »Mortiers«=
Mörserkerzen.

Nachtlicht=Schwimmer.

die Töpfchen weghebt. Die Mortiers werden nun noch auf Hürden gebleicht und dann verpackt. Zum Gebrauche werden dieselben in ein anderes Gefäß, in welches sie genau passen, gestellt und dieses in ein Gefäß mit Wasser gebracht; das Wasser bezweckt die Erhaltung des Wachses auf einer sehr niederen Temperatur, so daß dasselbe nur sehr schwer schmilzt und langsam verbrennt. — Die Dauer des Brennens richtet sich nach der Stärke des Dochtes und der Größe der Mortiers selbst.

Die schwimmenden Nachtlichter werden aus gezogenen Wachskerzen gefertigt, indem man dieselben, nachdem man die Stärke bestimmt, in entsprechend große, meist 1 Cm. lange Stücke mittelst eines scharfen Messers schneidet. Die Länge und Dicke der Kerzchen richtet sich nach der Zeitdauer, während welcher sie brennen sollen, und hat man solche, welche 4, 5, 6, 7, 8, 10 und 12 Stunden brennen. Diese Kerzchen werden nun in ausgezackte Scheibchen aus ganz dünnem Weißblech oder auch Kartenpapier, welche in der Mitte mit einem Loche, zur Aufnahme derselben, versehen ist, eingesetzt; die Scheibchen selbst sind mit Kork armirt, um ihr Schwimmen zu erleichtern. Zum Gebrauche setzt man diesen Schwimmer auf ein mit Wasser zur Hälfte gefülltes Glas, auf welches dann eine 1 bis 2 Cm. hohe Oelschichte (gewöhnliches Rapsöl) kommt. Das Licht, welches diese Kerzchen verbreiten, ist ein sehr schwaches und bezweckt nur, einen Raum so weit zu erhellen, daß man Gegenstände nicht allzuschwer auffindet.

Die Erzeugung der Wachslämpchen für Illuminationen.

Diese Lämpchen werden für Beleuchtungseffecte in Theatern, Sälen, Schlössern, sowie auch im Freien für Gartenbeleuchtung, freistehende Objecte, wie Triumphpforten und dergleichen noch immer vielfach verwendet. Je nach dem Preise sind dieselben aus einem mehr oder weniger mit Talg versetzten Wachse gefertigt und so eingerichtet, daß sie mit oder ohne eine Wasserschichte, auf welch' letzterer das Wachs schwimmt, gebrannt werden können.

Zu ihrer Herstellung verwendet man ebenfalls Töpfchen aus Weißblech, welche von den bei den Mortiers verwendeten nur darin abweichen, daß vom Boden des Topfes aus drei bis vier dünne Röhrchen ausgehen, welche in der einzugießenden Wachscomposition einen Raum frei lassen, um die stark gesteiften Dochte einzuziehen. Diese Töpfchen werden gut geölt, mit dem Wachse vollgegossen, erkalten gelassen und dann die

Dochte eingesteckt; worauf die dergestalt erzeugten Kerzen in die zur Illumination dienenden, meist gefärbten Gläser ein= gesetzt werden. Verwendet man zur Illumination keine Gläser, sondern Blechtöpfchen, so fallen die Röhrchen weg und statt ihrer befinden sich am Boden desselben eiserne Dorne, auf welche die Dochte gesteckt werden.

Bringt man unter die eigentliche Beleuchtungsmasse eine Wasserschichte, so erscheint das Glas oder der Topf durch die obenauf befindliche Schichte angefüllt und man erspart be= deutend an Material, nachdem diese Lampions gewöhnlich nur eine kürzere Zeit zu brennen haben. Ihre Herstellung ist wohl in den seltensten Fällen ein Geschäft des Wachswaaren= Fabrikanten, da die Installateure sie meist selbst füllen.

Vorschriften.

1. 1 Theil weißes Wachs, 2 Th. gereinigtes Hammelfett; 2. 2 Th. weißes Wachs, 1 Th. Rindstalg; 3. 3 Th. weißes Wachs, 8 Th. gereinigter Talg. Die beiden Substanzen werden geschmolzen, gut durcheinander gemischt und in der angegebenen Weise verwendet.

Die Fabrikation der Wachs- und Pechfackeln.

Unter Fackeln verstehen wir ein Beleuchtungsmaterial, welches ausschließlich zur Erzeugung greller Beleuchtungseffecte und meistens im Freien bei feierlichen Umzügen, bei Leichen= begängnissen und bei nächtlichen Arbeiten Anwendung findet.

Man fordert also von ihnen, daß sie selbst bei starkem Winde nicht allzuleicht verlöschen, möglichst wenig Rauch und Geruch geben und nicht allzuleicht abrinnen. Sie werden theils aus Wachs in Verbindung mit Pech und Harz, theils aus letzterem Material allein gefertigt und sind jene, welche in der Hand getragen werden sollen, mit eigenen schützenden und gewöhn= lich aus Holz gefertigten Handhaben (Fackelschuh, eine Art Leuchter mit Kranz) versehen, oder aber werden auf solche aufgesteckt.

Die reinen Wachsfackeln werden gewöhnlich aus vier fertigen Wachskerzen von beliebiger Stärke und Länge (je nach der Brenn= dauer) gefertigt, indem man dieselben auf einem Tisch auf einander legt und mit einem heiß gemachten, löthkolbenartigen Eisen über den Zwischenraum der beiden zuoberst liegenden Kerzen fährt. Das Wachs wird flüssig, vereinigt beide oberen Kerzen, und indem man das Paquet umlegt und auch die anderen Zwischenräume in gleicher Weise behandelt, vereinigen sich auch in: diesen die nebeneinander gelagerten Kerzen und bilden so ein Ganzes. Eine derartige Fackel brennt mit vier Dochten und es ist schwer denkbar, daß ein Windstoß alle vier Dochte auf einmal auslöschen sollte; einer wird gewiß stets brennend erhalten und er wird auch die momentan verlöschten vermöge der großen Wärme, welche in seiner Nähe herrscht, sofort wieder entzünden. Werden die Fackeln eigens angefertigt, so nimmt man hierzu einen sehr dicken, aus zwanzig und mehr Hanffäden bestehenden Docht, welcher zuerst mit den leicht entzündbar machenden Chemikalien getränkt und dann mit einem Gemische aus gleichen Theilen Wachs und dickem Ter= pentin imprägnirt wird; würde man bei einem Dochte Wachs allein nehmen, so läuft man Gefahr, daß Wind und Regen denselben sehr bald verlöschen würden, der Zusatz von Ter=

pentin hingegen, eines leicht und rapid brennenden Materials, verhütet diese Gefahr gänzlich. Ist der Docht genügend mit dieser Mischung umhüllt, so vollendet man die Fackel durch Angießen oder Antragen, wie dies bei der Erzeugung der Kerzen beschrieben wurde, und rollt sie dann behufs voller Fertigstellung auf dem Rolltische. — Auch diese Fackeln können je vier und vier zu einem Bunde vereinigt werden.

Fig. 32.

Fackelschuh.

Da diese Fackeln aus reinem Wachse jedoch zu hoch zu stehen kommen, so fertigt man solche aus einem Gemenge gleicher Theile Wachs, Roh-terpentin und Unschlitt; der Docht, welchen man gebraucht, ist aus Hanf und nahezu einen Daumen dick. Mit der genannten Composition wird vorerst der Docht, welcher zur Entfer-nung aller Feuchtigkeit sehr scharf ausgetrocknet wurde, sehr gut getränkt und dann zum Trocknen aufgehängt. Mittelst Angießens werden nun-mehr die Fackeln auf ihre bestimmte Dicke gebracht, auf dem Rolltische rund ausgerollt und beschnitten, worauf sie in der schon an-gegebenen Weise zu je vier Stück zu einer Fackel vereinigt werden. Diese Fackeln haben den großen Vortheil, billig zu sein, ein schönes grelles Licht zu geben und selbst im ärgsten Sturm und Regen nicht zu verlöschen.

Von Pechfackeln kennt man Docht- und Stockfackeln; bei ersteren ist ein Docht, bei letzteren ein Kienspan vorhanden, um welchen die eigentliche brennbare Fackelmasse gehüllt wird. Die Dochtfackeln bestehen aus einem dichtgesponnenen Dochte, der in geschmolzenes, schwarzes Pech oder Colophonium getaucht wird (auch eine Mischung von Colophonium, Terpentin und schlechtem Wachse wird hie und da gebraucht). Dann zieht man ihn durch eines der größten Löcher eines Zieheisens, damit er sich ordentlich rundet, indem man ihn aufhängt und mit der Eisenplatte desselben über seine ganze Länge herab= fährt; diese Manipulation wiederholt man noch durch zwei kleinere Löcher des Zieheisens, taucht dann den so bereiteten Docht neuerlich ein und zieht ihn wiederholt durch das Zieh= eisen, bis er die nöthige Dicke erreicht hat. Dann legt man vier solche Fackeln auf einen Tisch und vereinigt sie mittelst des heißen Kolbens. Schließlich überstreicht man die Fackeln mit einer Mischung von Leimwasser und Kreide und versieht sie mit einem dünnen Wachsüberzuge.

Die Stockfackeln werden in ähnlicher Weise hergestellt. Man umwickelt einen rundlichen Stab aus Fichtenholz mit Werg, bindet dasselbe an einzelnen Stellen mit langen, dünnen Fäden fest und taucht diesen so vorgerichteten Fackelkern in die schmelzende Mischung von Terpentin, Harz und Talg; das Eintauchen wird so lange wiederholt, bis die Fackel die er= forderliche Stärke erreicht hat, dann auf dem Rolltische aus= gerollt und mit dem Kreideüberzuge versehen.

Das Gießen der Wachsfiguren.

Zum Gießen der Wachsfiguren bedient man sich Formen aus Gyps oder Metall, welche je nach dem herzustellenden Objecte aus einem, zwei oder mehreren Theilen bestehen, aber

weder einen Lack= oder sonstigen Ueberzug haben dürfen, um
das Anhaften des heißen Wachses zu vermeiden. Kurz vor
dem Gebrauche werden die Gypsformen einfach in kaltes Wasser
getaucht und gut ablaufen gelassen, so daß nicht mehr Wasser
in denselben enthalten ist, als der Gyps vermöge seiner
hygroskopischen Eigenschaften angezogen hat, die Metallformen
mit Oel ausgestrichen, und lösen sich aus derart präparirten
Formen die gegossenen Wachsfiguren leicht und ohne kleben zu
bleiben, heraus. Das Wachs darf nicht überhitzt sein, sondern
schon etwas abgekühlt, da zu heißes Wachs sich beim Erkalten
stark zusammenzieht und Fehler entstehen würden, während
zu kaltes plötzlich stockt und die Formen nicht ausfüllt. Hohle
Figuren stellt man in der Weise dar, daß man die Formen
zuerst vollgießt, einige Minuten stehen läßt, so daß das den
Wandungen zunächst befindliche Wachs stockt und hierauf das
in der Mitte noch flüssige Wachs wieder ausgießt. Die
Dicke der Wandungen hohler Figuren läßt sich so nach Belieben
regeln.

Da die aus reinem Wachse gefertigten Figuren sehr weich
sind, setzt man häufig solche Körper zu, welche einen höheren
Schmelzpunkt haben, so namentlich Stearin und dann auch
weißes Harz; letzteres ist billig und lassen sich mit Zuhilfe=
nahme desselben auch billige Gegenstände herstellen.

Vorschriften.

1. 2 Kilogr. weißes Wachs, ½ Kilogr. Stearin;
2. 3 Kilogr. weißes Wachs, ½ Kilogr. Stearin, ½ Kilogr.
weißes Harz; 3. 3 Kilogr. weißes Wachs, ¾ Kilogr. weißes Harz.

Die Cerophankerzen,

vor längerer Zeit von Rießner in Wien erfunden, bestehen aus Stearinsäure, welcher man 7 bis 15% Wachs zusetzt, um den Kerzen Transparenz zu ertheilen. Vor dem Gießen darf die Mischung nicht wie reine Stearinsäure durcheinander gerührt werden, da sich sonst die Wachstheilchen wieder aus=scheiden würden. Zur Bereitung der Cerophankerzen werden 100 Th. Stearin mit 13 Th. Wachs mittelst Dampf zusammen=geschmolzen und dann noch eine halbe Stunde in diesem Zustande einer gelinden Hitze ausgesetzt. Nun wird der Dampf abgesperrt und sobald sich an dem Rande der Oberfläche ein Reif bildet, hat die Mischung die geeignete Temperatur, um in Formen gegossen zu werden, welche vorher auf einen gleich=mäßigen Grad erwärmt wurden. Beim Gießen soll die Masse möglichst wenig beunruhigt werden, weil sonst die erzielten Kerzen nicht durchscheinend, sondern völlig undurchsichtig sind.

Cerophanien

sind jene durchscheinenden Bilder von porzellanartigem Aus=sehen, welche man erhält, wenn man beliebig gefärbtes Wachs in flache Gypsformen gießt, wie solche beim Verfertigen der Lithophanien gebraucht werden.

Auf einer Glasplatte bringt man eine ungefähr 15 Mm. dicke Schichte aus weißem oder gefärbtem Wachse an, indem

man die Platte mit einem Rande aus steifem Papier umgiebt
und in den so gebildeten Kasten das geschmolzene Wachs ein=
gießt, wobei man sehr viel Sorgfalt darauf verwendet, die
obere Fläche der Wachsschichte so eben wie nur irgend möglich
zu erhalten, um ein Bearbeiten mit dem Messer zu umgehen.
In diese Wachsschichte wird nun mit Griffeln aus Holz oder
Elfenbein das Bild eingravirt, wobei man jedoch Rücksicht
darauf zu nehmen hat, diese Gravirungen so auszuführen,
daß sich die einzugießende Gypsschichte leicht loslösen kann.
Die dunkelsten Stellen erzielt man durch Auftragen von mehr
Wachs. Ist diese Wachsplatte genügend ausgearbeitet, so wird
sie mit einem Holz= oder Metallrahmen umgeben und mit
gut und fein verrührtem Alabastergyps und Wasser übergossen.
Nach dem Erhärten der Gypsschichte nimmt man dieselbe ab
und gießt nun weißes (mit Blei= oder Zinkweiß gefärbtes)
oder bunt gefärbtes Wachs in dieselbe ein, um solches dann
abzunehmen und als Imitation der Porzellanlichtbilder, als
Cerophanien zu verkaufen.

Die Erzeugung der Wachsblumen.

Wenn auch lange nicht mehr so häufig wie früher, als
man die heutige Blumenfabrikation in solcher Vollendung
nicht kannte, werden doch auch jetzt noch Wachsblumen erzeugt
und zu mannigfachen Zwecken verwendet.

Das Wachs, welches man gebraucht, muß reines Bienen=
wachs ohne jede Verfälschung sein und wird von dem Wachs=

blumenerzeuger mit Terpentin verſetzt, um ihm mehr Feſtig=
keit zu geben. Gewöhnlich nimmt man venetianiſchen Terpentin,
kocht denſelben mit Waſſer tüchtig und ſo lange aus, bis
alles Waſſer klar abläuft und vermiſcht ihn dann mit dem
ſchmelzenden Wachſe recht innig, ſo daß das Ganze eine
gleichmäßige Salbe vorſtellt; dann füllt man dieſe Maſſe in
Formen und hebt ſie behufs weiterer Verarbeitung auf. Auf
100 Theile Wachs nimmt man im Mittel 8 Theile Terpentin.
Die Färbung dieſes Wachſes, um die Farben der natürlichen
Blumen und Blätter herzuſtellen, geſchieht, indem man unter
das ſchmelzende Wachs die Farben einrührt oder extrahiren
läßt, wie dies Seite 51 ſchon beim Färben des Wachſes be=
ſchrieben wurde; aber ſie geſchieht auch noch ſpäter, wenn die
Objecte ſchon im Groben fertig geſtellt ſind, durch Einreiben
trockener, pulverförmiger Farben, um die eigentliche Färbung
und das eigenthümliche Ausſehen möglichſt getreu nach=
zuahmen.

Das Hauptmaterial für die Erzeugung aller Wachs=
blumen bilden die Wachsblätter, das ſind papierdünne Blätter
aus Wachs, welche wie folgt hergeſtellt werden. Man nimmt
einen Bogen gut geleimtes und ſatinirtes Papier, ſchneidet
ihn in Streifen von etwa 20 Cm., weicht dieſe Streifen in
Waſſer ein und trocknet ſie zwiſchen Fließpapier ſo ab, daß
keine Feuchtigkeit auf denſelben zu bemerken iſt. Dieſe feuchten
Streifen legt man der Länge nach auf flüſſiges Wachs, ſo
daß nur die eine Seite bedeckt iſt und zieht es dann ſofort
wieder ab; das Wachs haftet an dem Papier in dünner
Schichte — durch wiederholtes Eintauchen kann die Wachs=
ſchichte nach Bedarf verſtärkt und ſchließlich dieſelbe als
dickeres oder dünneres Blatt nach Bedarf von dem feuchten
Papier abgenommen werden. Es iſt einleuchtend, daß man

einiger Uebung bedarf, um auf diese Weise vollkommen gleich=
mäßig dicke und ebene Blätter herzustellen und die ersten
Versuche werden gewiß mancherlei zu wünschen übrig lassen.

Ist das Wachs zu heiß, so wird man selten ein ganzes
Blatt, ist es hingegen schon zu sehr abgekühlt, Blätter von
ungleicher Dicke bekommen. Wenn das Wachs beim Kochen
schäumt, so legt sich dieser Schaum auf das Papier und
man erhält statt eines glatten einen porösen, löcherigen
Ueberzug. Wenn man das Papier zu naß gemacht hat, so
reißt es leicht, ist es aber zu trocken, so löst sich das
Wachs nicht oder nur theilweise ab. Sollte das Wachs auf
dem Papier springen, so ist dies ein Zeichen, daß der
Terpentinzusatz zu gering gewesen und man muß daher mehr
nehmen — ist es zu weich, so muß noch Wachs zugesetzt
werden.

Die Wachsschichte wird nunmehr von dem Papier abge=
löst und so beschnitten, daß man die gewöhnlich dickeren und
dünneren Enden mit der Scheere abschneidet, nach Farben
sortirt und ihrer weiteren Bearbeitung zuführt.

Das Ausschneiden der Blumen= und sonstigen Blätter
erfolgt entweder mit Scheere und Messer, indem der Arbeiter
sich hierbei natürlicher Vorlagen bedient oder aus dem Ge=
dächtniß arbeitet, oder wenn man größere Mengen eines und
desselben Objectes anzufertigen hat, mittelst Formen aus
Eisen. Die Formen aus Eisen sind der Blattform entsprechend
unten mit einer Schneide versehen und werden auf die aus=
zuschlagenden Wachsblätter (10—12, je nach deren Dicke)
aufgesetzt und entweder mittelst der Faust oder eines hölzernen
Hammers ausgeschlagen. Wenn man mit Modeln arbeitet, so
ist eine große Anzahl derselben erforderlich, da man bei
vielblätterigen Blumen zum Beispiel selbst 20 und noch mehr

verschieden großer und verschieden geformter Blätter bedarf;
es kann sich daher die Verwendung von Modeln nur dann
rentiren, wenn man von einem und demselben Objecte gleich
ganze Dutzende anzufertigen hat. In allen anderen Fällen
schneidet man die Blätter, wie man sie gebraucht, mit der
Scheere. Diese so vorgerichteten Blätter werden nun noch=
mals gefärbt und zwar geschieht dies mittelst Einreibens
trockener Farben, geglänzt oder mattirt, je nachdem es der
Charakter erfordert. Hier zeigt sich die volle Geschicklichkeit
des Arbeiters, denn es ist einerseits nicht leicht, die richtige
Farbe zu wählen, andererseits aber auch nicht leicht, sie ent=
sprechend einzureiben, so daß die Natur glücklich nachge=
ahmt ist.

Man gebraucht zum Einreiben fast nur Farben minera=
lischen Ursprunges, welche, je nachdem das Blatt Glanz be=
kommen oder matt bleiben soll, im ersteren Falle mit Feder=
weiß, in letzterem Falle mit feinem Stärkepuder vermischt
und mit einem feinen Pinsel trocken aufgelegt werden; es
sind auf ein einziges Blatt in dieser Weise oft mehrere Farben
aufzutragen und müssen dann dieselben der Natur ent=
sprechend ineinander verlaufend verrieben werden.

Um Hochglanz herzustellen, überzieht man die Blätter
am besten mit einer Auflösung von Sandarak in Spiritus
mittelst eines feinen Haarpinsels. Um die Rippen und Adern
anzubringen, bedarf man besonderer Model, welche auf die
vorher etwas erwärmten Blätter aufgedruckt werden. Diesen
so vorbereiteten Blättern giebt man nun durch entsprechendes
Biegen, Einkerben mit hölzernen Modellirhölzern, heißen
eisernen Kolben die erforderlichen Formen und befestigt solche
dann an mit Wachs überzogenen Drähten von erforderlicher
Stärke. Die Drähte sollen, um das Wachs besser haften zu

machen, mit Seide oder Wolle übersponnen sein, werden in gefärbtes Wachs eingetaucht und sodann auf einer Stein=platte ausgerollt; das Befestigen geschieht durch gelindes Erwärmen und festes Andrücken beider Theile. Alle auf diese Weise hergestellten Blumenblätter werden nun zu einem Ganzen vereinigt; eine Arbeit, wobei das Geschick des Arbeiters allein ausschlaggebend ist, indem man solche auf einer kleinen Wachsscheibe anordnet und mittelst knetbaren Wachses befestigt. Die Staubfäden müssen auf diesem Wachsboden schon vorher befestigt werden und dem Ganzen kann nur durch richtige Anbringung der einzelnen Theile der wahre Charakter ge=geben werden.

Blumen, welche nur aus einem einzigen Theile und nicht aus mehreren Blättern bestehen, werden gedruckt, indem man entsprechende Holzmodelle in schmelzendes Wachs taucht, auf diese Art die Form herstellt und dann wie schon ange=geben weiter verfährt.

Technische Specialitäten.

Fixirungs=Flüssigkeiten für Zeichnungen.

Um Zeichnungen mit Kreide oder Bleistift zu fixiren und unverwischbar zu machen, wird das gezeichnete Blatt mit einer Auflösung von weißem Wachs in einem ätherischen Oele bestrichen und dann getrocknet. Die Flüssigkeit, welche nur auf der Rückseite aufgetragen werden darf, dringt in die

Poren des Papieres ein und das nach der Verflüchtigung des ätherischen Oeles zurückbleibende Wachs vermittelt ein innigeres Haften der Zeichnung, beziehungsweise der Kohle oder des Graphites auf dem Papier. Färbt man die Lösung mit entsprechenden Pigmenten, so kann man weißem Papier das Aussehen von gelblichem chinesischen oder altem vergilbten Papier geben.

In einem emaillirten eisernen Topfe bringt man 50 Gr. Wachs zum Schmelzen; anderseits erwärmt man 500 Gr. gutes rectificirtes Terpentinöl auf ungefähr 45° C., nimmt das Gefäß mit Wachs vom Feuer und fügt unter beständigem Umrühren langsam das Terpentinöl hinzu.

Um chinesisches Papier zu imitiren, fügt man dem ge= schmolzenen Wachs 5 Gr. pulverisirte Curcumae hinzu und colirt durch Leinwand.

Zur Herstellung des Farbentones für vergilbtes Papier nimmt man statt Curcumae 3 Gr. Safran.

Das Auftragen der Flüssigkeit geschieht mittelst eines breiten Pinsels und in raschen, gleichmäßigen Zügen, um Flecken zu vermeiden, welche namentlich bei den farbigen Flüssigkeiten leicht vorkommen können, wenn nicht sehr be= hutsam verfahren wird.

Wachs als Bindemittel für Farben.

Allbuy hat gefunden, daß, wenn man der auf gewöhn= liche Weise in Oel geriebenen Farbe statt der zum Streichen nöthigen Verdünnungsflüssigkeit aus Leinölfirniß und Ter= pentinöl eine Auflösung von Wachs und amerikanischem Harz in Terpentinöl zusetzt, solche sich nie abschälen kann und dabei einen angenehmen matten Glanz erhält.

Man schmilzt zu diesem Behufe 5 Kilogr. gelbes Wachs in gutem Leinölfirniß (15 Kilogr.) und anderseits 2 Kilogr. amerikanisches Harz in 4 Kilogr. Terpentinöl, mischt nach gehörigem Auflösen beide Flüssigkeiten zusammen und fügt nun unter beständigem Umrühren noch 5 Kilogr. Terpentinöl hinzu; dann colirt man durch Leinwand und bewahrt zum Gebrauche auf. Auch ohne Zusatz von Farbe kann die Wachslösung als Anstrich zu verschiedenen Zwecken benützt werden, und so namentlich den Grund für Wachs- und Frescomalereien abgeben.

Wachsmasse für Kupferstecher.

Als vorzüglicher Ueberzug für Kupferplatten, welche gestochen werden sollen, eignen sich nachstehende Mischungen:

Für Arbeiten im Winter:

40 Theile gelbes Wachs, 30 Th. Mastix, 15 Th. syrischer Asphalt.

Für Arbeiten im Winter:

30 Theile gelbes Wachs, 30 Th. Mastix, 15 Th. Asphalt.

Für Arbeiten im Sommer:

120 Theile gelbes Wachs, 30 Th. Mastix, 60 Th. Asphalt, 30 Th. Bernstein.

Man schmilzt einerseits den Asphalt, anderseits das Wachs, in welchem man auch den Mastix zergehen läßt und mischt dann beide Substanzen unter beständigem Umrühren zusammen. Beim Gebrauche muß sowohl die Masse als auch

die Kupferplatte erwärmt werden; letztere deshalb, damit die
Masse fester haftet.

Wachsmasse zum Graviren auf Glas.

Man schmilzt 7 Theile venetianischen Terpentin mit
15 Theilen Mastix in einem emaillirten Topfe zusammen und
giebt nach dem Flüssigwerden unter beständigem Umrühren
4 Theile Spiköl.hinzu.

Es werden geschmolzen: 30 Theile weißes Wachs, 15 Th.
Mastix, anderseits löst man 7 Th. Asphalt in 2 Th. vene=
tianischem Terpentin und mischt unter Umrühren beide Massen
zusammen.

Weiches Wachs für Graveure.

Man schmilzt zusammen: 1 Theil Talg mit 2 Th. gelbem
Wachs, oder: 1 Th. Olivenöl mit 5 Th. gelbem Wachs,
oder: 1 Th. Terpentin mit 4 Th. gelbem Wachs, oder:
5 Th. gelbes Wachs mit 3 Th. venetianischem Terpentin und
3 Th. Olivenöl.

Conservirungsmittel für Lederriemen.

Dieses von Dr. Wiederhold empfohlene Mittel besteht
aus 12 Th. gelbem Wachs, 12 Th. Terpentinöl, 12 Th.
Ricinusöl, 125 Th. Leinöl, 3½ Th. Holztheer. Es werden
Leinöl nnd Wachs heiß gemacht, dann das Ricinusöl und
der Theer, zum Schlusse das Terpentinöl zugesetzt. Dieses
Mittel ist ein ganz ausgezeichnetes, da es die Riemen weich
und geschmeidig macht, das Gleiten, welches die Riemen am

schnellsten ruinirt, verhindert und nicht theuer zu stehen kommt.

Wachstinte für Zinkographie.

Es werden vorsichtig über Kohlenfeuer geschmolzen: 2 Theile Asphalt, 2 Th. Wachs, 2 Th. amerikanisches Harz, die Mischung vom Feuer genommen und mit 14 Theilen Terpentinöl unter Umrühren gemischt. Die Tinte trocknet sehr rasch und muß in gut verschlossenen Flaschen aufbewahrt werden.

Wachsfarben für Lithographen.

Die Farben für lithographische Zwecke müssen sehr dick, fest, kittartig sein und enthalten alle ziemliche Mengen Wachs. Sie werden in der Weise hergestellt, daß man zuerst den sogenannten Firniß durch Zusammenschmelzen der verschie= denen Materialien erzeugt und diesen noch heiß mit der Farbe, meistens feinster Lampenruß, mischt; die innige Mischung wird durch Kneten und Schlagen auf einem flachen Steine bewerkstelligt, da die Consistenz das Reiben auf Maschinen nicht gestattet.

Lithographische Schreib= und Zeichen=Tinte.

Man schmilzt 2 Theile weißes Wachs, 2 Th. Hammel= fett in einem kupfernen Kessel, giebt dann nach und nach 2 Theile gewöhnliche Seife, in kleine Stückchen geschnitten, hinzu und rührt so lange um, bis sich Alles gelöst hat.

Nunmehr zündet man mit einem brennenden Spane das siedende Gemenge an, läßt es einige Minuten brennen, löscht die Flamme durch Auflegen eines gut passenden

Deckels ab und setzt nach und nach 2 Theile orange Schellack hinzu. Ist auch der Schellack gut geschmolzen, so rührt man ¹/₆ Theil Lampenruß ein, gießt nach innigem Mischen auf eine Marmorplatte aus und rollt so lange hin und her, bis die Farbe eine gleichmäßige Beschaffenheit zeigt. Oder man schmilzt 15 Theile weiße Seife mit einer geringen Menge Wasser, fügt 15 Th. Mastix und 15 Th. krystallisirte Soda hinzu und wartet die Auflösung ab. Dann giebt man 15 Th. Schellack, 15 Th. Hammelfett und schließlich 5 Th. Ruß in die Mischung, rührt tüchtig untereinander und rollt auf einem Steine aus. Oder · man schmilzt nachfolgende Ingredienzien zusammen: 18 Th. weißes Wachs, 6 Th. Rinderfett, 7 Th. Seife, 2¹/₂ Th. Ruß. Oder: 12 Th. weißes Wachs, 3 Th. gereinigtes Hammelfett, 6 Th. weiße Seife, 3 Th. Mastix, 1 Th. venetianischen Terpentin und 2 Th. Ruß.

Knecht'sche lithographische Tinte.

Man schmilzt: 450 Gr. Hammelfett, 75 Gr. Olivenöl und trägt in die geschmolzene Substanz 100 Gr. feinen Ruß ein. Anderseits werden 600 Gr. Wachs, 300 Gr. weiße Seife, 75 Gr. Mastix in Fluß gebracht, angezündet und während des Brennens 370 Gr. orange Schellack eingetragen. Dann löscht man mittelst Zudecken das Feuer aus und giebt weitere 300 Gr. weiße Seife hinzu. Wenn die Masse sich etwas abgekühlt hat, fügt man 50 Gr. venetianischen Terpentin hinzu, dann das zuerst geschmolzene Fett, Oel und Ruß und rührt Alles gut durcheinander.

Lithographische Kreide.

In gleicher Weise, wie oben, wird auch mit nachstehenden Materialien verfahren: 150 Theile weißes Wachs, 60 Th.

Schellack, 90 Th. weiße Seife, 30 Th. Ruß. Oder: 300 Th. weißes Wachs, 300 Th. Seife, 60 Th. Ruß.

Lithographiesteine-Conservirfarbe.

Man schmilzt: 250 Theile gelbes Wachs, 250 Th. weiße Seife, 250 Th. Talg, 250 Th. weißes Harz in einem emaillirten Gefäße über Kohlenfeuer, zündet die schmelzende Masse einigemale an und setze dann unter beständigem Umrühren 250 Gr. dicken Oelfirniß und 500 Gr. Ruß hinzu.

Radirkreide.

Man schmilzt zusammen: 12 Theile weißes Wachs, 6 Th. Fett, 4½ Th. Seife, 9 Th. Schellack, 4½ Th. Ruß. Oder: 50 Th. Wachs, 100 Th. Fett, 150 Th. Wallrath, 100 Th. Seife, 140 Th. Ruß.

Autographische Farbe.

125 Theile gereinigtes Hammelfett, 150 Th. weißes Wachs, 17 Th. Seife, 156 Th. Schellack, 130 Th. Mastix, 19 Th. Terpentin werden geschmolzen, 32 Th. Ruß eingerührt und das Ganze auf einem Steine ausgerollt.

Federfarbe.

Es werden zusammengeschmolzen: 30 Theile gelbes Wachs, 10 Th. Hammeltalg, 10 Th. Oelfirniß und dann 10 Th. Ruß eingerührt, innig gemischt und so lange geknetet und geschlagen, bis die Masse völlig gleichmäßig geworden ist.

Die nachstehend angeführten Farben werden in gleicher Weise bereitet:

Gravirfarbe.

120 Theile gelbes Wachs, 60 Th. Hammeltalg, 30 Th. Harz. 30 Th. Indigo, 150 Th. Ruß, 700 Th. Firniß.

Ueberdruckfarbe.

300 Theile gelbes Wachs, 100 Th. Hammeltalg, 200 Th. Firniß, 150 Th. Ruß. Oder: 750 Th. gelbes Wachs, 75 Th. Hammeltalg, 225 Th. weiße Seife, 360 Th. Harz, 1300 Th. Firniß, 400 Th. Ruß.

Wachsbeize für Holzarbeiten.

Man kocht 500 Gramm Gelbholz und 240 Gr. Fernambukholz mit 48 Kilogr. Seifensiederlauge und 240 Gr. Potasche so lange, bis nur mehr 12 Liter Flüssigkeit übrig sind. In der abgegossenen und durchgeseihten Flüssigkeit läßt man 60 Gr. Orlean und 1·450 Gr. Wachs unter Anwendung von Wärme zergehen und rührt bis zum Erkalten um. Man erhält 9—10 Flaschen braunrothe Beize, welche sich namentlich für Fußböden vortrefflich eignet und hinreicht, ein großes Zimmer jahrelang zu versorgen. Der Fußboden wird täglich mit einem Borstenbesen gekehrt, wöchentlich einmal mit einem halbfeuchten Lappen aufgewischt, dann theilweise, so viel gegangen wird, mit Beize bestrichen und mit einer scharfen Bürste gut gebürstet. Alle vier bis sechs Wochen wird der ganze Fußboden mit Hilfe eines Pinsels einmal mit Beize bestrichen und dann sofort gebürstet.

Herstellung von Wachspapier.

Das Wachspapier findet vielseitig Anwendung zum Einschlagen von solchen Erzeugnissen, welche eine gewisse Feuchtig-

keit enthalten und nicht austrocknen sollen, so namentlich für
Rauch= und Schnupftabake, ferner zum Verbinden von Gläsern
mit eingemachten Früchten, um solche vor den schädlichen Ein=
flüssen der Luft zu schützen u. s. w.

Zur Herstellung benützt man schwach oder gar nicht ge=
leimtes Papier von festem Gefüge, legt eine gewisse Anzahl
von Bogen auf einen großen Tisch und streut eine kleine

Fig. 33.

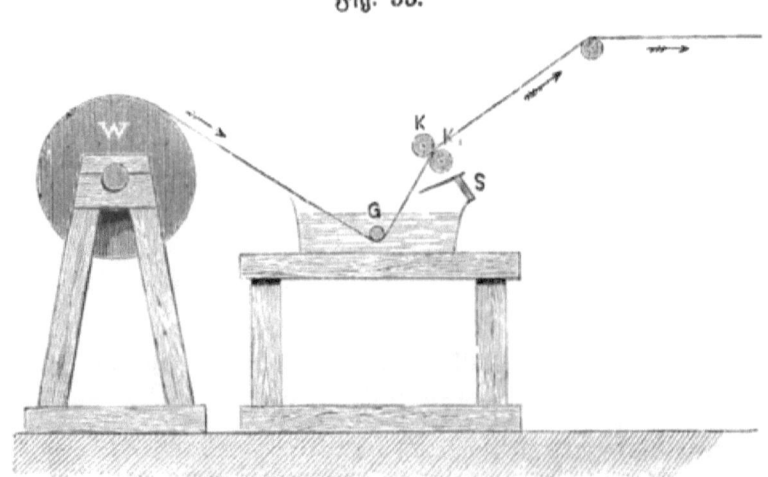

Maschine zur Erzeugung von Wachspapier.

Menge geschabtes Wachs auf den obersten Bogen. Mit einem
heißen Bügeleisen überfährt man nunmehr die oberste Lage,
wobei alles Wachs flüssig wird, in das Papier eindringt und
die überflüssige Wachsmenge in den zweiten und dritten Bogen
eindringt. Ist das Eisen nicht mehr genügend heiß, so muß
es durch ein frisches ersetzt werden; auch kann man das
Schaben des Wachses umgehen, wenn man ein großes Stück
Wachs in die linke, das Eisen in die rechte Hand nimmt und
das Wachs an das Eisen hält, so daß stets eine Menge des=

selben flüssig wird. Was von dem ersten Bogen Papier nicht mehr aufgenommen werden kann, bringt in den zweiten und dritten und ist es auf diese Weise möglich, eine ziemliche Menge Wachspapier ohne große Mühe herzustellen.

Soll das Papier in größeren Quantitäten erzeugt werden, so benützt man hierzu am vortheilhaftesten Rollenpapier, welches sich auf einer Walze, Fig. 33, befindet; von dieser Walze gelangt das Papier in eine eiserne, innen emaillirte Wanne, welche das durch eine entsprechende Vorrichtung (Gas-, Petroleum- oder Spiritus-Heizung) flüssig erhaltene Wachs aufnimmt. In der Wanne befindet sich ein Glasstab, welcher an einer Stange mittelst zweier Stützen so befestigt ist, daß man ihn aus der Wanne heben kann. An der Wanne und über derselben ist ein Stahlspatel angebracht, dessen Kanten so weit abgeschrägt sind, daß sie nicht schneiden und gegen welche das mit Wachs getränkte Papier gezogen wird. Directe oberhalb des Streifens befinden sich ein Paar Porzellanwalzen, welche sich fest auf einander pressen lassen, so daß alles überflüssige Wachs entfernt wird. Das getränkte Papier läßt man in einiger Entfernung lose aufeinanderfallen und kann es nach einigen Stunden in die entsprechend großen Blätter geschnitten oder auf eine Trommel aufgerollt werden.

Modellirwachs.

Das Modellir- oder Bildhauerwachs wird, wie der Namen schon andeutet, von Bildhauern benützt und muß eine sehr bedeutende Weichheit und Biegsamkeit haben, um ihm jede beliebige Form geben zu können. Das natürliche Bienenwachs entspricht diesen Anforderungen nicht, es ist zu spröde und läßt sich bei gewöhnlicher Temperatur schwer kneten, so daß man dasselbe erst mit anderen geeigneten Substanzen vermischen muß; auch entspricht die weiße Farbe des natür= lichen Wachses nicht, da die Arbeiten nicht deutlich und scharf genug hervortreten. Durch mildernde, weichere Zusätze macht man das Wachs bildsamer und giebt ihm durch beigemischte Farbekörper mehr Festigkeit und die gewünschte meist rothe Farbe. Olivenöl oder Talg eignen sich nicht besonders, da das Wachs damit schmierig wird; besser ist dicker Terpentin in Verbindung mit einer geringen Menge Sesamöl, welches die große Klebrigkeit des Terpentins aufhebt. Auch je nach der Jahreszeit, in welcher das Modellirwachs gebraucht wird, müssen diese Zusätze verschieden sein, und im Winter mehr, im Sommer weniger Terpentin genommen werden. Von festen Körpern wird Stärkemehl, Kreide, pulverisirter Thon, wohl auch Bleiweiß und Zinkweiß zugesetzt, doch machen alle diese Substanzen das Wachs bröckelig und schwierig zu verarbeiten, so daß man behufs Färbung sich mit einem geringen Zusatz von Zinnober begnügt.

Für den Sommer:

5 Theile weißes Wachs, 1 Th. dicken Terpentin, $\frac{1}{4}$ Th. Sesamöl.

Für den Winter:

5 Th. weißes Wachs, $1\frac{1}{2}$ Th. dicken Terpentin, $\frac{1}{2}$ Th. Sesamöl.

Man schmilzt in einem geräumigen emaillirten Topfe den dicken Terpentin und fügt dann das Oel, zuletzt das Wachs hinzu, indem man fortwährend umrührt. Ist alles Wachs flüssig geworden, giebt man $\frac{1}{2}$ Theil reinen Zinnober in die Masse, nimmt sofort vom Feuer, da der Zinnober sonst schwarz wird und rührt so lange um, bis das Wachs

zu gestehen beginnt. Nunmehr leert man sie auf eine reine
glatte Steinplatte und knetet und schlägt sie so lange, bis sie
eine völlig gleichmäßige Beschaffenheit angenommen hat.

Bossirwachs, um Früchte, Blätter u. dgl. darzustellen.

In einem emaillirten eisernen Topfe schmilzt man
10 Theile weißes Wachs, $1\frac{1}{2}$ Th. Hammelfett, $1\frac{1}{2}$ Th.
dunkles Harz zusammen, fügt dann noch 1 Th. Zinnober hinzu,
rührt gut um, nimmt vom Feuer und gießt die schmelzende
Masse in stangenartige Formen aus Blech, in welchen sie bis
zum Erstarren gerührt werden, damit sich der Zinnober vermöge seiner Schwere nicht zu Boden setzt, sondern in der
Masse vertheilt bleibt. Es liegt ganz in der Hand des Er-
zeugers, dem Wachse auch andere Färbungen zu geben, wie
z. B. blau, gelb, grün, grau, schwarz, violett, doch muß man
darauf achten, möglichst giftfreie Farben anzuwenden. So soll
man namentlich alle bleihaltigen Farben, also Bleiweiß,
Chromgelb, Minium, ferner Kupfer= und Arsenfarben meiden
und lieber pflanzliche Farbstoffe gebrauchen, welche völlig
unschädlich sind.

Als weiße Farbe kann Zinkweiß genommen werden; für
gelb mischt man dem schmelzenden Wachse Curcumaepulver,
für blau Indigo=Carmin, für grün Curcumae und Indigo=
Carmin bei. Eine rothe Färbung erzielt man mit Sapanholz,
welches ebenfalls mit dem Wachse gekocht wird und dessen
Farbe man mit ein wenig Indigo=Carmin in violett über-
führt. Alle diese so gefärbten Wachsgattungen müssen heiß
durch Leinwand colirt werden, um die festen Theile wieder
auszuscheiden und das Wachs rein von fremden Beimischungen
zu erhalten, welche dasselbe unschön und zum Verarbeiten un-
geeignet erscheinen lassen.

Wachsmasse für Münzenabbrücke.

Man läßt ½ Kilogr. reines weißes Wachs in einem irdenen glasirten Topfe schmelzen, fügt 125 Gr. Olivenöl hinzu, nimmt die Mischung vom Feuer, mengt ½ Kilogr. feines Stärkemehl mit einem Spatel bei, bis der Teig die nöthige Consistenz erlangt hat, und gießt sie in entsprechende Formen. Zum Gebrauche erwärmt man ein genügend großes Stück der Masse, drückt dasselbe auf die mit Wasser benetzte Münze, dreht nach dem Erstarren Form und Münze um und schlägt leicht darauf, wodurch erstere sich loslöst. In die so erhaltene Form kann man den Guß mit Gyps bewerkstelligen.

Man schmilzt 4 Theile weißes Wachs mit 2 Th. Schwefel= blumen und 6 Th. Harz zusammen, gießt die Mischung auf ein mit Oel bestrichenes Brett und drückt in ihr ab, noch ehe sie ganz erkaltet ist.

Formenwachs

wird durch Zusammenschmelzen von 4 Theilen weißem Wachs und 1½ Th. Schellack erhalten und eignet sich als Form sehr gut, da es die Abgüsse sehr glatt wiedergiebt und den Vortheil hat, beliebig umgeschmolzen und wiederholt gebraucht werden zu können.

Wachsmasse zur Herstellung von Verzierungen.

Eine sehr plastische Masse, welche sich vermöge ihrer geringen Schwere sehr für Bilderrahmen=Verzierungen eignet, stellt man wie folgt her: Man schmilzt 1 Theil weißes Wachs mit 1 Th. Harz zusammen, nimmt das Gefäß vom Feuer,

gießt unter beständigem Umrühren langsam 1 Th. Terpentinöl
zu und mischt nunmehr so viel ausgesiebte Sägespäne hinein,
daß die Masse bildsam und fest wird. Dergestalt preßt man
sie in mit Leinöl bestrichene Gypsformen (auch Metallformen)
und erhält auf diese Weise Verzierungen, welche bei genügendem
Zusatz von Sägespänen sogar mit dem Meißel bearbeitet werden
können.

Wachssalbe für Rasirmesser-Abziehriemen.

Es werden 1 Theil gelbes Wachs mit $\frac{1}{2}$ Th. Harz,
$\frac{1}{2}$ Th. dicken Terpentin, 2 Th. weiße Seife, 2 Th. Olivenöl
in einem eisernen, emaillirten Topfe geschmolzen und dieser
geschmolzenen Masse 1 Th. Engelroth, 5 Th. Schmirgel, $1\frac{1}{2}$ Th.
Bimsstein, 2 Th. Blutstein, $4\frac{1}{2}$ Th. Graphit, alles aufs feinste
pulverisirt und geschlämmt, zugesetzt; das Umrühren muß so
lange fortgesetzt werden, bis die Salbe anfängt zu gestehen,
und wird dann in kleine Blechbüchsen gefüllt.

Baumwachs

ist eine Art Pflaster, welches bei der Obstbaumzucht dazu
dient, kleine Wunden zu bedecken und dadurch sie nicht nur
gegen äußere Einflüsse zu schützen, sondern auch den Verlust
von Saft zu verhüten und die Vernarbung zu befördern. Auch
die Einschnitte, welche man behufs Ausführung der verschiedenen
Arten der Veredelung in die Rinde und den Holzkörper gemacht hat, werden mit Baumwachs verklebt. Zur Herstellung
schmilzt man 1 Theil gelbes Wachs, $\frac{1}{2}$ Th. Harz und $\frac{1}{4}$ Th.
Terpentin zusammen, läßt etwas erkalten und rollt auf einer
Steinplatte zu Stangen aus, welche in Papier eingeschlagen

verkauft werden. Oder es werden 2 Theile gelbes Wachs mit 1 Th. Hammeltalg, 4 Th. dicken Terpentin, $\frac{1}{2}$ Th. Olivenöl und einer Prise Safran geschmolzen, durch Leinwand colirt und wie oben erwähnt in Stangenform gebracht.

Wachskitt für Metalle.

Um Metall mit Glas zu verbinden, verwendet man einen Kitt aus 2 Theilen weißem Wachs, 4 Th. Harz, 1 Th. schwarzem Pech und 1 Th. feinem Ziegelmehl. Oder:

2 Theile weißes Wachs, 4 Th. Harz, 4 Th. Engelroth und 1 Th. dicker Terpentin werden zusammen flüssig gemacht und bis zum Erstarren umgerührt.

Metall mit Holz verbindet man mit einem Kitte aus 1 Theil Wachs, 4 Th. schwarzem Pech und 1 Th. Ziegelmehl.

Wasserdichtes Packpapier.

Man nimmt 24 Theile Alaun, 4 Th. weiße Seife, 15 Th. weißes Wachs, kocht mit 120 Th. Wasser, taucht das Packpapier hinein, läßt gut abtropfen und hängt auf Schnüren zum Trocknen auf.

Wachskugeln zum Copiren.

Diese Wachskugeln dienen, um Inschriften, Sculpturen 2c. zu copiren, indem man letztere mit Papier bedeckt und mit der Wachskugel auf diesem reibt, wodurch sich die Contouren und Erhabenheiten auf dem Papiere ausprägen. Um alte, monumentale Bronzen zu copiren, wendet man eine gleiche Composition an, welche aber, anstatt mit Lampenruß, mit Bronze=

pulver versetzt wird. Man schmilzt 1 Theil gelbes Wachs,
4 Th. Hammeltalg, 1 Th. Olivenöl und ½ Th. dicken
Terpentin zusammen, fügt der geschmolzenen Masse ½ Th.
Lampenruß zu und formt auf einer Steinplatte Kugeln daraus
Oder:

8 Theile gelbes Wachs, 1 Th. Hammeltalg, ½ Th.
Olivenöl und ½ Th. Lampenruß. Die Bereitung geschieht
wie oben.

Retouchirpomade (Pomade à retoucher)

wird zum Auffrischen von Oelgemälden, zum Glänzendmachen
von Photographien verwendet und vielfach aus Paris bezogen.
Die Bilder werden mit der Pomade leicht eingerieben, so daß
nur eine sehr dünne Schichte entsteht, einige Minuten trocknen
gelassen und mittelst eines Stückchen Flanell oder einem
Bäuschchen aus demselben durch Reiben der Glanz hervor-
gerufen. Der Glanz ist angenehm, nicht spiegelnd und ziemlich dauerhaft; das Präparat, welches in kleinen Gläschen zu
ziemlich hohen Preisen geliefert wird, läßt sich sehr billig und
auf einfache Weise herstellen. Es werden 250 Gramm weißes
Bienenwachs und 200 Gr. Manilla-Elemi geschmolzen und nach
dem Entfernen vom Feuer 220 Gr. möglichst frisches Lavendelöl
unter beständigem Umrühren zugesetzt, so daß eine zarte, leicht
zerfließende Salbe von körniger Beschaffenheit entsteht.

Herstellung von Glühwachs für Feuervergoldung.

Das bei der Feuervergoldung angewendete Glühwachs
dient zur Färbung des Goldes und besteht aus einem innigen
Gemenge von gelbem Wachs mit feingepulvertem Grünspan,

welchem man in der Regel etwas Bolus, gebrannten Alaun oder gebrannten Borax zusetzt. Die Theorie der Anwendung des Glühwachses ist folgende:

Durch Grünspan (essigsaures Kupferoxyd) wird auf der Oberfläche des vergoldeten Gegenstandes eine wirkliche rothe Karatirung erzeugt; dies wird erreicht: 1. dadurch, daß sich aus dem schmelzenden Gemenge auf das Zink der Bronze Kupfer metallisch niederschlägt; 2. daß unter Mitwirkung der Producte der trockenen Destillation des Wachses und der Essigsäure das erhitzte Kupferoxyd des Grünspans zu Kupfer reducirt wird, welches sich ebenso, wie das auf dem Zink niedergeschlagene Kupfer mit dem Golde zu der röthlichen Goldlegirung verbindet. Die übrigen Bestandtheile dienen nur zur Verdünnung der wirksamen Kupferverbindung, obgleich einige Vergolder die Beobachtung gemacht haben wollen, daß ein alaunhaltiges Glühwachs eine hellere Farbe gebe, als ein mit Borax dargestelltes. Es ist daher möglich, daß sich bei Anwendung von alaunhaltigem Glühwachs eine Aluminium-Goldlegirung erzeugt. Zur Bereitung des Glühwachses existiren eine Menge Vorschriften, von denen die bewährtesten hier folgen.

Zu allen Glühwachsarten werden die einzelnen Bestandtheile pulverisirt, durch ein feines Haarsieb gesiebt und die noch nicht feinen Theile noch weiter pulverisirt, bis sie ebenfalls durch das Sieb fallen. Ist alles fein, so mische man es zusammen, nehme sich aber sowohl beim Stoßen als auch beim Sieben in Acht, daß man so wenig als möglich einathme, weil der Grünspan sehr giftig ist. Das Wachs lasse man in einem reinen Topfe zergehen und nicht zu heiß werden, und gebe dann die einzelnen Ingredienzien nach und nach hinein. Weil die schweren, metallischen Theile sich leicht zu

Boden setzen, darf das Umrühren nicht ausgesetzt werden, sonst würde das Glühwachs nicht die gehörige Wirkung erhalten. Während man das Glühwachs auf dem Feuer hat, nehme man sich ein passendes Geschirr zur Hand, welches aber gekühlt und mit Wasser benetzt sein muß. In dieses gießt man unter Umrühren die Masse, läßt sie erkalten und schneidet sie dann in Stücke.

1. 8 Theile weißes Wachs, 2 Th. Grünspan, 2 Th. schwefelsaures Kupferoxyd und ¼ Th. Borax.

2. 12 Theile weißes Wachs, 3 Th. armenischen Bolus, 1½ Th. Grünspan, 2 Th. schwefelsaures Eisenoxyd, ½ Th. gebrannter Ocker und ¼ Th. Borax.

3. 12 Theile weißes Wachs, 1½ Th. Grünspan, 3 Th. Kupferasche und ¼ Th. Borax.

4. 18 Theile gelbes Wachs, 8 Th. Röthel, 3 Th. Kupferwasser, 2½ Th. Grünspan, 1½ Th. Borax und 3 Th. gebranntes Kupfer.

5. 18 Theile gelbes Wachs, 6 Th. Grünspan, 6 Th. Zinkvitriol, 8½ Th. Röthel, 4 Th. Kupferasche, 3 Th. Eisenvitriol, ½ Th. Engelroth und ¾ Th. Borax.

Wachsbalsambindemittel für Oelmalerei.

Der vom Hof- und Historienmaler Aug. Noack in Darmstadt erfundene Wachsbalsam besteht aus 13 Theilen Balsam copaivae, 2 Th. weißem Wachs und 5 Th. rectificirtem Terpentinöl.

Das Wachsbalsambindemittel giebt zusammengesetzt eine dickflüssige, opalisirende Mischung, die je nach Erforderniß mit reinem Terpentinöl verdünnt werden kann. Der Wachsbalsam wird sowohl zum Verdünnen der Oelfarben, als auch namentlich zum Einreiben des halbfertigen Gemäldes vor dem Uebermalen und schließlich zum Einreiben (mit weichem Borstenpinsel) des ganz fertigen Gemäldes behufs Conservirung desselben anstatt sonst gebräuchlicher Firnisse verwendet. Es trocknet verhältnißmäßig rasch und wirkt höchst conservirend auf die Farben ein, ohne dieselben im Mindesten bezüglich ihrer Intensität oder sonstiger Eigenschaften ungünstig zu beeinflussen.

Poliment zum Vergolden.

Das Poliment ist eines der wichtigsten Materialien zur Vergoldung und Versilberung des Holzes, da auf dasselbe das Metall aufgelegt wird und auf ihm haften muß. Man bezog es früher meistens aus Paris, doch giebt nachstehende Vorschrift ein ganz ausgezeichnetes Product, so daß das französische Erzeugniß bei Seite gelassen werden kann. Es werden 3 Theile Graphit, 28 Th. weißer französischer Bolus und 84 Th. armenischer Bolus in einem Mörser fein gepulvert, durch ein Sieb gerieben und innig mit einander gemengt. Dieses Gemenge bringt man in einen gut gefütterten Tiegel und setzt 16 Th. weißes geschabtes Wachs hinzu; dann bringt man die Mischung auf ein mäßiges Kohlenfeuer, schmilzt es unter beständigem Rühren so lange, bis eine vollkommene Gleichmäßigkeit erzielt ist und gießt es dann auf steinerne oder kupferne Platten zum Abkühlen. Nach dem Abkühlen wird die Masse auf einer Platte von hartem Stein vermittelst eines Läufers mit dem Eiweiß von 24—28 Eiern recht zart abgerieben, auf Papier gebracht und getrocknet. Zum Gebrauche muß das Poliment jedes Mal mit Wasser angerieben werden.

Wachskugeln für Schuhmacher.

Dieselben dienen zum Schwärzen einzelner Arbeiten und werden bereitet aus 4 Theilen Hammeltalg, 2 Th. Bienenwachs, 1 Th. Olivenöl und ½ Th. venetianischem Terpentin; diese Stoffe werden zusammengeschmolzen, vom Feuer genommen, ½ Th. feiner Lampenruß eingerührt und auf einer Steinplatte zu Kugeln geformt.

Wachssalbe zum Wasserdichtmachen von Schuhen

wird bereitet, indem man 6½ Theile gelbes Wachs, 26½ Th. Hammeltalg, 6½ Th. dicken Terpentin, 6½ Th. Olivenöl und 13 Th. Schweinefett zusammenschmilzt, in die geschmolzene Masse 5 Th. gut ausgeglühten Kienruß einrührt und solche dann in Holzschächtelchen gießt. Die Wichse wird warm gemacht, mit dem Finger eingerieben, wodurch selbst hartgewordenes Leder erweicht und vollkommen wasserdicht wird.

Wachs-Mattlacke.

Diese Lacke dienen, um angestrichenen Holzarbeiten, namentlich Imitationen harter Hölzer einen angenehmen matten Glanz zu verleihen und werden bei der heute herrschenden Moderichtung vielfach angewendet. Zu ihrer Bereitung schmilzt man 10 Theile weißes Wachs, nimmt nach dem Flüssigwerden vom Feuer, setzt 10 Th. guten Copallack hinzu und mischt weiters unter beständigem Umrühren 28 Theile rectificirtes Terpentinöl dazu. Der Lack wird, wenn er gestockt ist, mäßig erwärmt, mit Pinseln aufgetragen und nach dem Trocknen mit Flanelllappen gerieben, um den matten Glanz zu erzielen.

Glanz=Lederwichse

von vorzüglicher Beschaffenheit erhält man nach folgender
Vorschrift: Man löse 6 Theile Potasche in 25 Th. Regen=
oder Flußwasser, erhitze zum Kochen, setze der siedenden Lösung
12 Th. gelbes Wachs zu und koche so lange, bis sich das
Wachs ganz gleichmäßig vertheilt hat. Das verdampfende
Wasser muß stets durch neues, aber ebenfalls kochendes ersetzt
werden. Nun rühre man in die heiße Masse 20 Th. Bein=
schwarz ein, gieße unter Umrühren allmälig 30 Th. englische
Schwefelsäure und 2 Th. Salzsäure, nach mehrstündigem
Stehen 15 Th. Fischthran und 15 Th. Syrup zu und mische
alles durch fortgesetztes beständiges Umrühren. Diese Wichse
ist tiefschwarz und glänzend, conservirt die Weichheit des Leders
und kann für alle Arten desselben mit Vortheil benützt werden.

Politur=Composition zum Auffrischen von Möbeln.

Man schmilzt 3 Theile weißes Wachs, fügt demselben
2 Th. feinst pulverisirten und geschlämmten Bimsstein hinzu,
nimmt vom Feuer und gießt das Gemisch mit 15 Th. Spiritus
und 1 Th. Spicköl ab. Behufs Gebrauches der Composition
nimmt man ein wenig auf ein wollenes Läppchen und reibt
die Möbel so lange, bis wieder Glanz zum Vorschein kommt.

Pferdegeschirr=Wichse.

Man schmilzt 8 Theile Bienenwachs in einem irdenen
Topfe, rührt 2 Th. Elfenbeinschwarz, 1 Th. Berlinerblau
darunter, nimmt vom Feuer und setzt nunmehr unter beständi=
gem Umrühren 12 Th. Terpentinöl und 1/4 Th. Copallack

hinzu. Das Umrühren muß so lange fortgesetzt werden, bis
die Wichse vollständig erkaltet ist, da sich sonst das Wachs
ausscheidet. Die Wichse wird mit einem Pinsel aufgetragen
und mit einem wollenen Lappen glänzend gerieben.

Wachsmilch zum Poliren von Möbeln, harten Fußböden 2c.

12 Theile Potasche werden durch Kochen in 120 Th.
Regen- oder Flußwasser gelöst, nach erfolgter Lösung 24 Th.
zerschnittenes gelbes Wachs hinzugeschüttet, wobei eine Ent-
wickelung von Kohlensäure stattfindet, nach deren Aufhören
noch 120 Th. heißes Wasser hinzukommen und das ganze
zu einer gleichförmigen, milchähnlichen Flüssigkeit gekocht wird.
Die fertige Wachsmilch ist in gut verschlossenen Flaschen auf-
zubewahren. Sie dient zum Anstrich auf Holz, zum Poliren
von Möbeln, für Fußböden, zum Anstrich von Gypsfiguren,
denen sie ein angenehm mattes Aussehen verleiht und gestattet,
daß sie mit Wasser gereinigt werden können; auch eignet sich
diese Wachsmilch zur Herstellung von Wachspapier, wozu
Runge noch besonders, um das Packpapier wasserdicht herzustellen, einen Zusatz von Harzmilch vorschlägt, welche in ähnlicher Weise bereitet wird wie die Wachsmilch, nur daß man
statt Wachs Harz anwendet. Durch Mischung beider milchartiger Flüssigkeiten können beliebig verschiedene Wachs- oder
Harzpapiersorten dargestellt werden.

Glanzwachs für Militär-Lederzeug.

Man kocht in einem geräumigen eisernen Kessel 4½ Kgr.
gutes reines Leinöl mit ¼ Kgr. feinst pulverisirter, alkoholi-
sirter Glätte 2 Stunden lang, läßt dann einige Tage behufs

Klärung stehen, erhitzt das vom Bodensatze abgegossene Oel neuerlich und fügt demselben 4 Kgr. Wachs hinzu, worauf man die Masse so lange kochen läßt, bis eine herausgenommene Probe sich zu einer festen Kugel rollen läßt. Dann rührt man $1/2$ Kgr. ausgeglühten Ruß dazu und gießt in beliebige, meist Stangenform, in welcher diese Wachsart am leichtesten ver= käuflich ist.

Wachszeichenstifte aus Holzkohle.

Man zerschneidet gut gebrannte Lindenkohle in die Form der gewöhnlichen Kohlenstifte, legt diese Stifte in geschmolzenes Wachs und beläßt sie ungefähr 15—20 Minuten darin. Sie werden hierauf aus dem Wachse genommen, zwischen Fließpapier getrocknet, anhängendes Wachs entfernt und dann mit Flanell= lappen abgerieben. Werden mit solchen Stiften auf Papier, nicht appretirten Stoffen ꝛc. Zeichnungen ausgeführt und die Rückseite erwärmt, so schmilzt das Wachs, bringt in das Papier oder in den Stoff ein und die Züge sind unverlöschbar.

Lederschmiere.

Das Leder erhält durch die Anwendung dieser Schmiere Schutz gegen die Einwirkung von Luft, Hitze, Schweiß oder sonstige Feuchtigkeit. Tränkt man das Leder von Zeit zu Zeit, etwa alle sechs Monate mit dieser Salbe gehörig, so bleibt es stets sammtartig weich, wird wasserdicht und erhält eine bedeutende Elasticität. Fußbekleidungen werden durch dieselbe angenehm zu tragen, denn das damit behandelte Leder bleibt weich und geschmeidig und darum auch von längerer Dauer; auch das Abfärben oder Rothwerden verhindert die Salbe.

Dieselbe bildet, was von außerordentlichem Vortheile, keine
Kruste und bringt in den Kern vollständig ein. Unmittelbar
nach der Behandlung kann das Schuhwerk gewichst oder lackirt
werden und nimmt nun einen dauerhaften Glanz an. Die
Behandlung des Leders ist folgende: Das Leder wird, je nach=
dem es mehr oder minder gute Gerbung hat, 12—24 Stunden
in weiches Wasser gelegt und während dieser Zeit einige Male
zusammengerieben oder gewalkt, als ob es gewaschen werden
sollte. Es wird sich dann eine Fettigkeit auf dem Leder zeigen,
welche abgeschabt werden muß. Hierauf wird das Leder durch
Pressen und Aufspannen von der überflüssigen Feuchtigkeit
befreit und zum Trocknen der Luft ausgesetzt. Wenn es beinahe
abgetrocknet, wird es nochmals leicht gerieben und dann in
der Nähe eines Feuers mit der Salbe eingerieben, so viel es
aufzunehmen vermag, und endlich an einem warmen Orte ge=
trocknet. Altes Leder von Fußbekleidungen, Pferdegeschirr ꝛc.
muß zuerst von allem Schmutze durch Waschen mit Wasser
befreit und jedenfalls drei Mal eingerieben werden. Zur
Bereitung werden 12½ Kgr. reines gelbes Wachs in 12½ Kgr.
Terpentinöl zergehen gelassen, 12½ Kgr. Ricinusöl, 125 Kgr.
Leinöl und 3½ Kgr. Holztheer zugesetzt und das Ganze innig
verrührt.

Nähwachs

ist in kleine runde Formen gebrachtes weißes Bienenwachs,
welches sowohl für Hand= als auch Maschinennäherei gebraucht
wird, um dem Zwirn eine etwas größere Steifheit zu verleihen.
Man kann es auch durch Zusatz unschädlicher Farbekörper
beliebig färben.

Sattlerwachs.

Dieses Wachs dient demselben Zwecke wie das soeben erwähnte, nur man muß es etwas fester und steifer machen und verwendet daher nie reines Wachs, sondern stets eine Composition, namentlich aus dem billigen Colophonium. 1. 4 Theile gelbes Wachs und 1 Th. Harz werden zusammengeschmolzen, in cylindrische Formen gegossen und dann in beliebig große Stücke geschnitten. 2. 5 Theile gelbes Wachs, ½ Th. dicker Terpentin, 1 Th. Harz. 3. 4 Theile weißes Wachs, 3 Th. Harz, ½ Th. Olivenöl. 4. 6 Theile weißes Wachs, 1 Th. Ochsentalg, 3 Th. Harz, ¼ Th. Olivenöl.

Bettwachs

ist eine Composition, welche durch Zusammenschmelzen von 10 Kilogr. gelbem Wachs, 1 Kilogr. dickem Terpentin und ½ Kilogr. amerikanischem Colophonium erhalten und in Blechformen von 6—7 Cm. Höhe und 4 Cm. Weite gegossen wird. Das Bettwachs dient dazu, den Barchent oder Drill, welcher zu Ueberzügen von Matratzen, Unter- und Oberbetten benützt wird, auf seiner inneren Seite einzureiben und so einen für Federn und Roßhaare undurchdringlichen Ueberzug zu erhalten.

Siegelwachs

diente früher, um auf Urkunden u. dgl. die ämtlichen und sonstigen Siegel anzubringen, zu welchem Zwecke die Schnüre, mit welchen das Papier versehen war, in einer Holzkapsel zusammenliefen, in welcher sich das Siegelwachs, um es vor Beschädigungen zu schützen, befand. Jetzt wendet man zu

diesem Zwecke den viel widerstandsfähigeren Siegellack an und
benützt das Siegelwachs fast nur zu solchen Zwecken, wo sich
der Siegellack nicht anbringen läßt, wie z. B. bei Pfändungs=
versiegelungen, bei welchen das weiche Wachs auf den Gegen=
stand aufgedrückt und auf demselben der gravirte Stempel ein=
gepreßt wird.

Man erhält Siegelwachs durch Schmelzen von reinem
weißen Bienenwachs, welchem man behufs Erzielung einer
rothen Färbung etwas Zinnober zusetzt; das Gemenge muß so
lange gerührt werden, bis das Wachs zu gestehen beginnt.

Verwendung des Wachses als Einlaßmittel für Fußböden und Möbel.

Das Wachs, beziehungsweise dessen Präparate, welche durch
Verseifung mit alkalischen Laugen dargestellt werden, findet
eine ausgedehnte Anwendung, um Fußböden aus hartem und
weichem Holze, Möbeln u. dgl. entweder Glanz allein oder
gleichzeitig Farbe und Glanz zu geben und bildet deren Her=
stellung einen ganz lucrativen Erwerbszweig. Diese Wachs=
massen werden unter den verschiedensten Namen, wie: echte
Bienenwachspasta, gekochte Wachsmasse, Salon=Zimmerboden=
Wachssalbe, Fußbodenwichse, Zimmerboden=Glanzpasta, Möbel=
wichse, Eichenholzglanz u. s. w. verkauft und sollen hier einige
der bewährtesten Vorschriften zur Erzeugung gegeben werden.

Die Grundlage fast aller dieser Wachscompositionen bildet
eine Wachsseife, welche, wie folgt, bereitet wird:

Man kocht in einem emaillirten eisernen Kessel über mäßigem Kohlenfeuer: 500 Gr. Potasche mit 2½ Kilogr. Wachs und 2 Liter weichem Wasser unter fortwährendem Umrühren so lange, bis die anfänglich dickflüssige Masse ganz gleichförmig geworden ist und sich keine wässerige Flüssigkeit mehr in der Masse zeigt. Jetzt nimmt man die Masse vom Feuer und setzt langsam unter beständigem Umrühren Wasser hinzu. Anfänglich setzt man nur wenige Tropfen, später mehr kochendes Wasser zu und rührt jeweilig so lange, bis kein Wasser mehr in der Masse bemerkbar ist. Dieselbe wird zuerst dicker und hat den Anschein einer geronnenen Milch. Das Gefäß wird nochmals aufs Feuer gebracht, darf aber, nachdem schon eine ziemliche Menge Wasser zugesetzt wurde, nicht mehr zum Kochen erhitzt werden, da sich sonst das Myricin abscheidet. Nach und nach setzt man so im Ganzen noch 10 Liter heißes Wasser hinzu und erhält auf diese Weise eine sogenannte Wachspasta, welche compact und fest ist und zu ihrer Verwendung als Fußbodenwichse noch weiter mit Wasser verdünnt werden muß. Alle mehr oder weniger festen Wachssalben werden in Schachteln aus Holz oder Blech gepackt. Früher werden sie noch gefärbt. Der Verdienst ist trotz des anscheinend billigen Preises der weichen Salben ein ziemlich bedeutender, da ja das Wasser ein sehr billig zu beschaffendes Material ist und die Herstellungskosten minimal genannt werden können.

Bienenwachspasta.

Zum Gebrauche wird ½ Kilogr. der Pasta in Stücke geschnitten, in drei Liter heißem Wasser aufgelöst, gut umgerührt und mittelst eines Pinsels gleichmäßig aufgestrichen.

Für Naturfarbe dient die Composition, wie sie vorstehend beschrieben wurde, für

Lichtgelb

werden auf 5 Kilogr. Masse ½ Kilogr. feinster französischer Ocker mit Wasser sehr dick angerieben, unter beständigem Umrühren dem flüssigen Wachse zugesetzt und so lange gerührt, bis das Gemenge fast ganz kalt geworden ist. Hierauf füllt man die Pasta in Blech= oder Holzschachteln.

Dunkelgelb:

5 Kilogr. Masse, ½ Kilogr. gebrannter Satinober.

Braun:

5 Kilogr. Masse, ¼ Kilogr. Caßlerbraun.

Gekochte Wachsmasse.

Die erwähnte Wachsseife wird anstatt mit 10 Liter mit 25 Liter heißem Wasser abgerührt und verdünnt, hierauf die in Wasser feinst geriebenen Farben zugesetzt und bis nahe zum Erkalten umgerührt.

Lichtgelb:

5 Kilogr. Masse, ½ Kilogr. feinster französischer Ocker.

Dunkelgelb:

5 Kilogr. Masse, ¾ Kilogr. gebrannter Satinober.

Braun:

5 Kilogr. Masse, ½ Kilogr. Caßlerbraun.

Roth:

5 Kilogr. Masse, ¼ Kilogr. Caßlerbraun, ½ Kilogr. Pompejanerroth.

Diese gekochte Wachsmasse wird mit lauwarmem Wasser angerührt, so daß sie eine Flüssigkeit von milchartiger Beschaffenheit darstellt, der Fußboden damit gleichmäßig angestrichen und gebürstet.

Zimmerboden=Wachssalbe oder Glanzpasta.

Dieses Einlaßmittel enthält 45 Liter Wasser und hat die Consistenz einer weichen Salbe. Die Färbung kann auf zweierlei Weise geschehen, indem man entweder Erdfarben, welche damit gemischt, oder Pflanzenfarben, welche gelöst oder ausgezogen werden, verwendet. Die Erdfarben werden in Wasser feinst gerieben, eingerührt und die Masse so lange in Bewegung erhalten, bis sie völlig erkaltet ist; Pflanzenfarben hingegen werden, wenn sie nicht löslich sind, ausgekocht und die Masse durchgeseiht, um die Rückstände zu entfernen.

Hellgelb.

4 Kilogr. Masse, $\frac{1}{2}$ Kilogr. Ocker, oder 4 Kilogr. Masse, $\frac{1}{2}$ Kilogr. Curcumaewurzel.

Dunkelgelb.

4 Kilogr. Masse, $\frac{1}{2}$ Kilogr. gebrannter Satinober, oder 4 Kilogr. Masse, $\frac{1}{4}$ Kilogr. pulverisirte Curcumaewurzel, $\frac{1}{4}$ Kilogr. Orlean.

Goldgelb.

4 Kilogr. Masse, $\frac{1}{2}$ Kilogr. Chromocker, oder 4 Kilogr. Masse, $\frac{1}{2}$ Kilogr. Gelbbeeren, $\frac{1}{20}$ Kilogr. Safflor.

Roth.

4 Kilogr. Masse, $\frac{1}{2}$ Kilogr. gebrannte Terra di Siena, oder 4 Kilogr. Masse, $\frac{1}{4}$ Kilogr. Persio.

Lichtbraun.

4 Kilogr. Masse, ¹/₄ Kilogr. Ocker, ¹/₄ Kilogr. dunkles Umbraun, oder 4 Kilogr. Masse, ¹/₄ Kilogr. pulverisirte Curcumaewurzel, ¹/₄ Kilogr. Caßlerbraun.

Dunkelbraun.

4 Kilogr. Masse, ¹/₂ Kilogr. dunkles Umbraun, ober 4 Kilogr. Masse, ¹/₄ Kilogr. Caßlerbraun.

Diese Wachscompositionen werden bei ihrem Gebrauche mittelst eines Besens oder Pinsels dünn angestrichen und dann gebürstet.

Möbelwichsen.

Die Möbelwichsen stellen entweder ebenfalls eine farblose oder gefärbte Wachsseife oder aber ein Gemisch von Wachs und Terpentinöl dar, welchem mit Erdfarben die erforderlichen Färbungen ertheilt werden. Die farblose Möbelwichse wird dargestellt, indem man 250 Gr. Wachs mit ²/₁₀ Liter Wasser und 50 Gr. Potasche kocht und dann in der erwähnten Weise mit 2 Liter Wasser weiter verdünnt.

Eichenholzwichse.

3 Kilogr. farblose Wichse und ¹/₃ Kilogr. Caßlerbraun, welches mit ¹/₂ Kilogr. Wasser und ¹/₄ Kilogr. Potasche früher gekocht wurde, werden tüchtig verrührt, mit der noch heißen Masse das Holz eingelassen und gebürstet. Ist dieselbe für den Handel bestimmt, so füllt man sie in Blechbüchsen.

Nußholzwichse.

4 Kilogr. farblose Wichse und ¹/₄ Kilogr. Caßlerbraun, in gleicher Weise bereitet.

Ebenholzwichse.

4 Kilogr. farblose Wichse werden flüssig gemacht und in derselben ⅛ Kilogr. feinster Lampenruß so lange verrührt, bis die Wichse eine ganz gleichmäßige Beschaffenheit und tief schwarze Farbe angenommen hat.

Jene Wichsen, welche sich Tischler und andere Holzarbeiter selbst bereiten, werden durch Schmelzen von 2 Theilen Wachs und Verdünnen desselben mit 1 Theil gutem Terpentinöl hergestellt, wobei man aber, wenn das Terpentinöl eingerührt wird, das Gefäß vom Feuer nehmen und entfernt von diesem aufstellen muß, so daß das flüchtig gehende Terpentinöl nicht über die Flammen streichen und sich entzünden kann. Gefärbt werden diese Wichsen, indem man die entsprechende Farbe, für Eichen Ocker und Caßlerbraun, für Nußholz Caßlerbraun, für Ebenholz feinsten Lampenruß in Terpentinöl abreibt und mit dem schmelzenden Gemenge mischt.

Medicinische und kosmetische Specialitäten.

Wachsbougies.

Zur Bereitung schmilzt man 6 Theile gelbes Wachs und 1 Th. Olivenöl zusammen und tränkt darin nach gelinder Verdampfung der Feuchtigkeit die Leinwandstreifen. Das Wachs muß vor dem Schmelzen von allem anhängenden Schmutze reingeschabt werden, oder es soll, nachdem es flüssig geworden, durch Leinwand colirt werden. Durch die klare geschmolzene Masse werden dann feine Leinwandstreifen gezogen, aber mit der Sorg= falt, daß sie gleichförmig getränkt und nicht an verschiedenen Stellen ungleichmäßig dick überzogen werden. Diesen Leinwandstreifen giebt man am besten die Gestalt einer geraden, oben abgestumpften Messerklinge, die man auch etwas schräg zulaufend machen kann, von 20 bis 33 Zoll Länge und ungefähr 2 bis 3 Zoll Breite, rollt sie auf einer glatten, recht reinen Platte, die im Winter gelinde erwärmt sein muß, von der den geraden Rücken vorstellenden Seite anfangend, auf, und sucht sie durch wieder= holtes Drehen und Drücken mit der Hand oder einem glatten Brettchen so viel wie möglich fest zu machen. Die Bougies sind lange, dünne, gewöhnlich allmälig spitzer zulaufende Cylinder, welche bei Krankheiten der männlichen Harnröhre gebraucht werden. Sie müssen vollkommen rund, fest, glatt und durchaus eben sein, an ihrem dicksten Ende die Dicke einer Schreibfeder haben, jedoch in den Apotheken in ver= schiedener Dicke zum Auswählen vorräthig gehalten werden. Man hat auch besonders darauf zu sehen, daß nicht bei der Bereitung etwas von der Wachsmasse an der Spitze hängen blieb, welches beim Gebrauche in der Harnröhre sich loslösen könnte

Für Bleibougies nimmt man 6 Th. gelbes Wachs, mischt nach dem Schmelzen unter anhaltendem Umrühren ⅕ Th. Bleiessig hinzu und verfährt wie oben angeführt. Bauchige Bougies sind an den Stellen, welche auf die Verengerungen der Harnröhre zu liegen kommen, dicker. Armirte Bougies sind an einer Stelle mit einem Stückchen Höllenstein versehen.

Zahnkitt.

Diese gewöhnlich in Form erbsengroßer Kügelchen zum Verkaufe kommende Wachscomposition dient zum Ausfüllen hohler Zähne, damit sich die Speisen nicht in denselben fest= setzen und schädlich auf den Zahnnerv einwirken können und muß vor dem Gebrauche etwas erwärmt werden, damit es sich leicht eindrücken läßt. Es wird durch Zusammenschmelzen von 3 Theilen reinem weißen Wachs mit 3½ Th. Mastix bereitet, indem man einige Tropfen Pfefferminzöl zusetzt und dann auf eine Marmorplatte in die Pillenform gebracht.

Wachssalben gegen Hautkrankheiten.

a) Es werden 5 Theile weißes Wachs, 5 Th. Wallrath, 5 Th. süßes Mandelöl in einem emaillirten Geschirre ge= schmolzen, in Papierkästchen gegossen und nach dem Erkalten in kleine Täfelchen geschnitten.

Lippenpomade.

b) Man schmilzt 1 Th. weißes Wachs, ¼ Th. Wallrath, 1½ Th. süßes Mandelöl und einige Stückchen Alkannawurzel, wodurch eine schön rothe Farbe erzielt wird, seihet durch, giebt 15 Tropfen Citronenöl hinzu, gießt in Papierkästchen und zerschneidet nach dem Erkalten in kleine Täfelchen.

c) 2 Th. weißes Wachs, 8 Th. Schweineschmalz, 1 Th. süßes Mandelöl werden geschmolzen und bis zum Erstarren verrührt.

d) 2 Th. weißes Wachs, 7 Th. Schweineschmalz werden bei gelindem Feuer geschmolzen und mit 2 Th. destillirtem Wasser bis zum Erkalten verrührt.

e) 3 Th. gelbes Wachs, 1 Th. Olivenöl werden mit einander geschmolzen und bis zum Erstarren verrührt.

f) 4 Th. gelbes Wachs, 1 Th. Rosenwasser; das Wachs wird geschmolzen, das Rosenwasser zugesetzt und bis zum Erkalten verrührt.

Grünes Wachspflaster.

Es werden 12 Th. gelbes Wachs, 6 Th. gereinigtes Fichtenharz, und 1 Th. Grünspan zusammengeschmolzen, dann vom Feuer entfernt und in Papierkapseln ausgegossen.

Rothe Wachssalbe.

4 Th. weißes Wachs, ½ Th. Wallrath, 6 Th. süßes Mandelöl werden zusammengeschmolzen, mit Alkannawurzel roth gefärbt, 15 Tropfen Bergamotteöl hinzugefügt, umgerührt, in Papierkapseln ausgegossen und in Täfelchen geschnitten.

Burgundische Pechsalbe.

Man schmilzt 3 Th. gelbes Wachs, 2 Th. Schweinefett und 1 Th. burgundisches Pech zusammen und rührt es bis zum Erkalten. Dient als äußeres erweichendes Mittel.

Burgundisches Harz=Cerat.

2 Th. gelbes Wachs, 1 Th. Hammeltalg, ½ Th. dicker Terpentin und 1 Th. burgundisches Pech werden geschmolzen, bis zum Gestehen gerührt und in Papierkapseln, welche in kaltem Wasser stehen, gefüllt.

Glycerin=Wachsbalsam zum Geschmeidigmachen der Haut.

Man schmilzt vorsichtig bei gelindem Feuer 2 Th. weißes Wachs, 2 Th. Wallrath, 8 Th. süßes Mandelöl, 4 Th. Glycerin, ⅛ Th. Rosenöl in einem emaillirten Geschirre, rührt bis zum Erkalten und füllt in Glasgefäße, welche, entsprechend adjustirt, als Cosmetica in den Handel kommen.

Crême celeste.

1½ Th. weißes Wachs, 3 Th. Wallrath, 3 Th. Mandelöl werden in einer Porzellanschale im Wasserbade geschmolzen und nach dem Erkalten 2 Th. Rosenwasser unter beständigem Umrühren zugesetzt.

Cold-Creams

werden gebraucht, um die Haut fein und geschmeidig zu erhalten und bereitet man solche durch Zusammenreiben im Wasser= bade von:

a) 1 Th. weißem Wachs, 2 Th. **Wallrath**, 8 Th. Mandelöl und 5 Th. Rosenwasser.

b) 2 Th. weißes Wachs, 2 Th. Wallrath werden in einer geräumigen, starken, gut glasirten Porzellanschale zusammen= geschmolzen, dann 8 Th. süßes Mandelöl zugefügt und unter Umrühren so lange gelinde erwärmt, bis sich die Fette gleich= mäßig gemengt haben, worauf man allmälig 12 Th. Rosen= wasser zufließen läßt und dabei mit einer flachen, lanzett= förmigen Keule rührt, so daß eine gleichförmige Mischung entsteht. Auch das Rosenwasser muß gleichmäßig erwärmt werden, damit die Crême nicht zu schnell erstarrt.

c) Mandel=Cream wird ebenso bereitet, nur nimmt man statt des süßen, bitteres Mandelöl.

Ungarische Bartwichse.

1. Man schmelze in einer Porzellanschale im Wasserbade 500 Gr. gelbes Wachs mit 125 Gr. weißer Seife, nehme vom Feuer, lasse erkalten, und mische, ehe die Masse völlig fest wird, 5 Gr. Bergamotteöl und 1 Gr. peruvianischen Balsam hinzu. Auf einer Glas= oder Marmortafel werden dann kleine dünne Stangen geformt und solche in Papier ein= geschlagen. ·

2. Im Wasserbade werden geschmolzen 150 Gr. weißes Wachs, 250 Gr. Wallrath, 1000 Gr. frische, ungesalzene Butter

mit 125 venetianischem Terpentin und nach erzieltem Flüssig=
werden 45 Gr. feines, ätherisches Oel zugesetzt. Die salben=
artige, starkklebende Pomade wird in kleine Gläser gefüllt,
nett adjustirt und so zum Verkaufe gebracht.

3. Man schmilzt bei schwachem Feuer 150 Th. gelbes
Wachs, 60 Th. gereinigten Talg zusammen und setzt nach
gehörigem Flüssigwerden 1 Th. Perubalsam, $^2/_{10}$ Th. Berga=
motteöl, $^1/_2$ Th. Citronenöl, $^1/_{10}$ Th. Bittermandelöl und $^1/_{10}$ Th.
Moschus hinzu. Die Masse wird auf Platten ausgegossen, in
Stangen geformt und in Papier gepackt.

4. Es werden geschmolzen 250 Gr. weißes Wachs, 60 Gr.
venetianische Seife, nach dem Flüssigwerden 250 Gr. Rosen=
wasser und 40 Tropfen Rosenöl zugesetzt und tüchtig umge=
rührt, bis die Masse erkaltet. Man füllt solche in kleine Gläs=
chen, welche nett adjustirt werden müssen.

Wachspomaden (harte oder Stangenpomaden).

Zur Bereitung dieser zum Steifen der Barthaare gebrauch=
ten Wachscompositionen werden die Substanzen geschmolzen,
durchgeseiht, dann die Parfums zugesetzt und die Masse ent=
weder in zerlegbare Metallformen oder in Papierkapseln, welche
in kaltes Wasser gestellt werden, gegossen und darin erkalten
gelassen. Dann werden dieselben in weißes oder farbiges
Staniolpapier gepackt und entsprechend ettiquettirt. Häufig werden
diese Compositionen gefärbt, um sie dem Haare anzupassen
und dienen hierzu Curcumae für Gelb, Caßlerbraun oder Nuß=
schalenextract für Braun, Lampenruß für Schwarz, Ochsenzungen=
wurzel für Rosa, Zinkweiß für Weiß.

1. 16 Th. weißes Wachs, 90 Th. Ochsentalg, 2 Th.
Wallrath, 1 Th. Bergamotteöl.

2. 3 Th. weißes Wachs, 10 Th. Rindstalg, 1 Th. Neroliöl.

3. 4 Th. weißes Wachs, 3 Th. Wallrath, ½ Th. Mandelöl, ½ Th. Zimmtöl.

4. 18 Th. weißes Wachs, 4 Th. Schweinefett (Filz), ½ Th. Perubalsam beliebig parfumirt.

5. 14 Th. weißes Wachs, 1 Th. Colophonium, 5 Th. Ochsentalg, ½ Th. Mandelöl beliebig parfumirt.

Sach-Register.

www.ingramcontent.com/pod-product-compliance
Lightning Source LLC
Chambersburg PA
CBHW021123020726

47500CB00003B/897